聰明懶人學：

不瞎忙、省時間、懂思考

40則借力使力工作術

人氣專欄「記帳士的商管筆記」作家　紀坪

方舟文化

〔佳評推薦〕

知識需要創新與累積，但更重要的是可以被理解與應用在日常生活。在知識爆炸的年代，不管是真實的學術真理，抑或網路訛傳的罐頭文，無不讓人們糊里糊塗的吸入爆量資訊，但是有用嗎？單純、簡化、換位思考或許是一道良方，也是「懶哲學」的極致精髓。作者紀坪以「懶」為開頭頗吸睛，但不意味「懶人無所為」、「懶人無所事事」，或許你我皆需重新理解與體驗「懶哲學」在日常生活中的新價值、新意義！

——**郭瑞坤**（國立中山大學公共事務管理研究所教授兼所長）

我這個人很簡單，但連我這種懶人都可以讀完的懶人學，一定不簡單。

——**走路痛**（知名 YouTuber，宅文創說書人）

〔推薦序〕

科技始終來自於人性，而人性多半是「懶」的

作者是我的學生，本來不想為這本書寫序的，因為懶。但是翻了一下，發現這本書好有趣啊，讓人欲罷不能，因為他寫出人性的深處，就是個「懶」字。

這本書很有意思，強調懶惰才會成功。其實不動腦筋的懶人是不會成功的，懶人會成功，是因為會獨立思考，動腦筋的懶人，才會有聰明的辦法。譬如，這本書描述，貓、狗與豬看起來都懶懶的，但是他們的懶，卻懶得不一樣。豬懶得動腦，只能算是個人手；狗懶卻忠心，是個人才；貓的懶，卻有著自己的獨立思考，是個人物。

我從小就不喜歡愚公移山的故事，因為愚公是個勤勞的笨蛋，愚公不僅害了自己，還害了子孫。勤勞不是不好，而且非常重要，只是如果用了愚蠢的辦法，勤勞只會加速悲劇的發生。懶惰也不是美德，只是這是人性，如果你不懶，

就無法了解人性，為了要滿足人性，必須想出聰明的辦法。

如果我來改寫愚公移山這個故事，我就會說有一天愚公發懶，覺得用鏟子移山太累了，就去台灣科技大學讀研究所，學會了火藥與機械移山的方式，於是轟的一聲，山就給炸平了，還學了創新創業商業模式，從此，他的子孫不僅僅不用移山，靠著愚公的技術專利，過著榮華富貴的日子。這個故事的結局，總覺得比原本愚公移山的結局好很多。

我跟學生說，天底下有四種人，愚公算是勤勞的笨蛋，常常誤事還沾沾自喜，有點像海綿寶寶，為人熱情，但常毀了別人；還有一種是勤快的聰明人，這種人是最好的幹部，是稀有動物，要好好珍惜；第三種是懶惰的笨蛋，這種懶，將讓你一事無成，但是對組織社會沒有什麼殺傷力；而第四種是懶惰的聰明人，這種人就是個人物，因為要懶，所以就要聰明。

我在台灣科技大學時常提醒學生，你們是一群不正常的人，因為你們必須要考到所有學生的前五%才能進來，前五%是菁英，菁英都是一群不正常的人，因為他們勤快、上進、聰明。但是不要忘了，這個社會是由另外九十五%的人組成，而他們，多半是懶惰的人。所以菁英想出來的辦法，這個世界多半都無法接受。

科技始終來自於人性，人性都是懶的，所以成功的科技一定要滿足懶人的需求，必須要將科技的使用做到毫不費力，讓懶人學得會，也愛用，這是科技滿足人性的關鍵。菁英為什麼愛講「幹話」，因為他們以為世人都像他們一樣勤快與聰明，懶人聽起來心中自然想罵髒話。菁英們，要記住，世人多半是懶的，絕對不要假設群眾都跟你們一樣勤快與上進，如果你不懶，你無法了解群眾在想什麼；如果你不懶，也無法設計出占大多數的懶人想要的科技。讓我們一起學習發懶吧，了解懶人的想法，你就離成功更近一步了。

盧希鵬（台灣科技大學資訊管理系專任特聘教授）

〔前言〕

用乘法思考，發揮懶人創意

鄰里有一隻精明的「汪星人」，雖然是一隻流浪狗，卻相當的親人，還很懂得分辨哪些人是友善的。而對於友善的人，牠會撒嬌、陪散步，久而久之就累積了不少的人類粉絲，會主動提供牠食物、幫牠洗澡、找獸醫……

我家裡有兩隻狡猾的「喵星人」，都是不請自來，第一隻自己鑽進我們家倉庫，第二隻在颱風夜進來避雨，後來發現這裡的環境、伙食還不錯，就擅自住了下來，之後竟然還有貓媽媽把小貓叼來我們家騙吃騙喝……

大批雁群在遠途飛行時，會以V字隊形群飛，透過集體飛行所產生的氣流及互助效應，飛行效率將比單飛時大幅提升。而小如螞蟻也懂得分工的重要性，蟻后、雄蟻、工蟻、兵蟻，各司其職以達到最大的群體效率。

發現了嗎？其實所有的生命都擁有懶人智慧的本能，會透過一些更聰明的方式來提升自己的生活效率，愈聰明的傢伙，愈懂得發揮懶人創意。

人類本來被認為是最聰明的生物，然而，隨著家庭教育、學校教育、職場教育的社會化後，愈來愈強調規矩及努力的重要性，漸漸遺忘了懶人本能，最後能在人類社會創造更多價值的，反而是那些最懂得發揮懶人創意的人。

在人類文明中，最能創造價值的有兩種人，第一種人很懂得為自己摸魚，用最有效率的方式來完成自己的目標；第二種人很懂得為別人摸魚，透過聰明的方式去幫助其他人更偷懶的生活。手機、相機、飛機、洗衣機，有哪一項發明不是在幫助人們可以更偷懶？

本書以此為出發點，將懶人學分為摸魚學、定位學、職場學、幸福學、經濟學。

從「懶人摸魚學」開始，先培養懶人思維，學會懶人的乘法思考模式，讓事情更加簡單、簡化、簡約，進而避開風險、打造口碑，才能更有效率的完成自己的目標。

而要當一個聰明的懶人，就得先透過「懶人定位學」來找出自己的興趣及天賦、活用過往的學歷及經歷，發展強項、消弭破綻，做出聰明的選擇，為自己精準定位，才能少走些冤枉路。

如果想在職場上有所發揮，「懶人職場學」則教你如何向牛頓、達爾文取經，培養點線面思考、豬狗貓思維，弄懂職場中的每個角色，少說幹話，不擅自越權，從中找到利他又利己的平衡點，不必多花力氣就能當個職場收穫者。

除了理性層面之外，大家應該要知道，情緒是最貴的隱藏成本，「懶人幸福學」中所提到的衝突、批評、抱怨、說教、說謊、拒絕，都有不同的學問，想要快樂，就要先學會掌控幸福情緒。

最後的「懶人經濟學」，告訴你在如今的知識經濟時代，腦袋才是最重要的工具，要學會創新、創意、可控、深耕、槓桿、動腦，不再被傳統的標籤及成見所困，才是真正的聰明人。

紀坪

〔目錄〕

PART 2

懶人定位學　找對方向，少走冤枉路

PART 3

懶人職場學　弄對角色，少浪費力氣

PART 4

懶人幸福學　情緒是成本，既貴又不值

PART 5

懶人經濟學　創新的動力，原始於懶惰

PART 1

懶人摸魚學

想要抓大魚，先學會摸魚

培養懶人思維，學會懶人的乘法思考模式，讓事情更加簡單、簡化、簡約，進而避開風險、打造口碑，才能更有效率的完成自己的目標。

1-1 效率・懶人用乘法思考，提升效能與效率

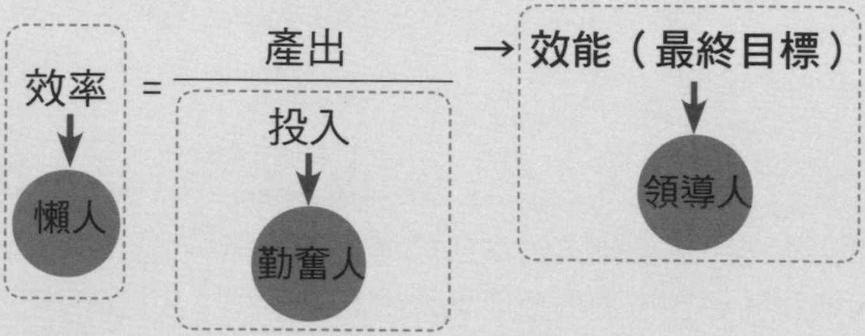

如果我們的目標是讓產出及效能達到 9
勤奮人會再投入 8，才能達到目標 9（1+8=9）

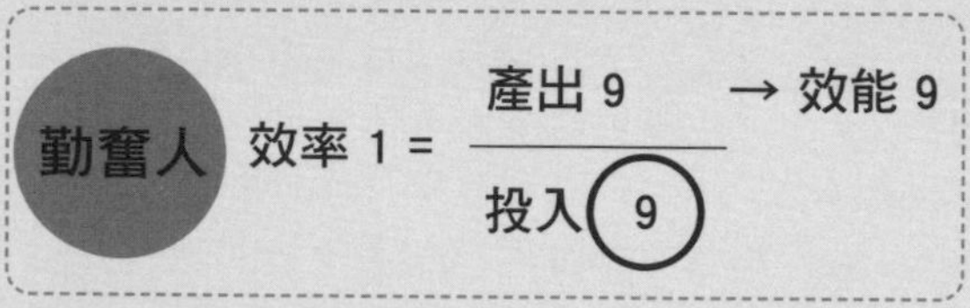

懶人會把效率提升到 3，只要再投入 3，
就能輕易達到目標 9（3×3=9）

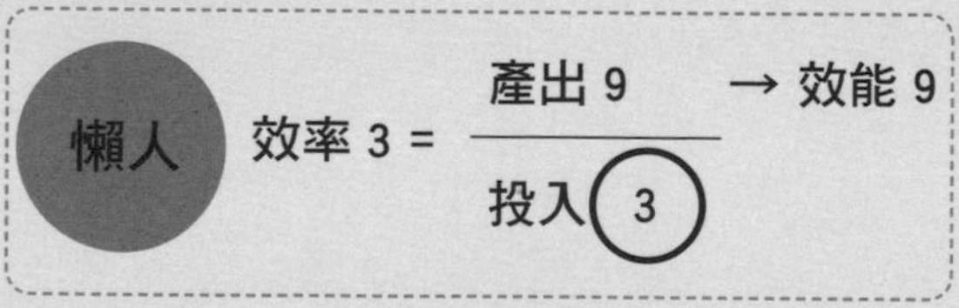

勤奮人用加法做事，懶人用乘法思考（1+8=3×3）

壞人、窮人、懶人，哪一種人最具有績效創造力？

有人認為是壞人，因為壞人不擇手段，為達目的無所不用其極。有人認為是窮人，因為窮人對成功較具企圖心。然而，如果依比爾・蓋茲（Bill Gates）的說法來看，或許懶人才是當中真正的黑馬。

比爾・蓋茲說：「我讓懶人做困難的工作，因為懶人能夠找到最簡單的方法完成任務。」

過去工廠的搬運需仰賴人力，於是有個「小懶人」就在木板上裝了輪子，發明了手推車，大大減少了搬運的力氣，但手推車還是有些費力，於是又有一個「大懶人」在推車上裝了引擎，發明了拖運車，但拖運車的操作有些費時，於是又有一個「超級懶人」發明了電動輸送帶，從此工廠的營運從傳統人力轉化為全自動機械力，效率及效能因此大大的提升，而這個進步的催化力，就是懶人們的惰性。

人們懶得到聚會場所去社交，所以有了 facebook 臉書。

人們懶得到市場上去購物，所以有了 eBay 網購。
人們懶得到圖書館找資料，所以有了 Google 搜尋。
人們懶得到書店裡去買書，所以有了 Amazon 書城。
人們懶得到電影院去看片，所以有了 YouTube 影音。

從人類的科技及文明史來看，所有創新的發明都是為了讓人們更加的偷懶，正因為人有惰性，才會引發思考去找出最有效的方法降低負擔。正因為懶，所以才有動力去思考，找到能夠創造最大效能與效率的方法。

有人問我為什麼花那麼多時間寫作？又為什麼開始寫專欄？「有什麼特別的願景或故事嗎？」「想透過文字去影響更多的人嗎？」

都不是，我沒那麼了不起，其實起心動念就只是想要免費的廣告，懶得挨家挨戶去發名片，懶得費神做關鍵字廣告，懶得每次認識新朋友都還要辛苦的自我介紹，而有了自己的專欄與文字，不就省事多了？一言以蔽之，就是懶……。

聰明的懶人創造效能與效率

愛迪生說：「天才是一％的靈感，加上九十九％的努力。」千萬別被這句話的語法騙了，這句話本身沒有錯，但重點在於你必須有那一％的好靈感，九十九％的努力才可能有價值，如果你只有九十九％的努力，卻少了那一％的靈感，那麼你就只是個幫人打工的。

創造自己的效能及效率，是身為一個聰明懶人所必須的。所謂的效率，是指能在愈少的投入下創造愈大的產出，如此即為有效率，反之就是沒有效率。而效能主要看的是最終產出的結果是否能達到或滿足目標。

現代管理學之父彼得．杜拉克（Peter Drucker）說：「效能是做對的事，而效率是把事做對。」

領導人重視效能，追求目標及結果的達成。

勤奮人重視投入，埋頭苦幹付出時間精力。

懶惰人重視效率，尋找方法減少自己麻煩。

勤奮的人習慣用加法做事，在效率固定的情況下，用增加投入來創造產出。懶惰的人喜歡用乘法思考，總是思索著如何減少投入，藉由效率的提升來創造產出。

如果每件工作最初的效率值是一，勤奮的人努力增加投入，多一分力就多一分收穫；懶惰的人卻思考提升效率，讓一分力有兩分收穫，甚至更高。

不少的管理論點指出，具有懶人特質的人在簡化任務及流程上最具創新力，為了減輕工作負擔，他們願意先投入時間及腦力找出好方法後，再好好享受新方法所帶來的好處。

培養懶人思維

這裡所說的懶人哲學，並非真的懶到無所作為，而是建立在有責任感的基礎上，能夠思考而後動，以最省力的方式來完成目標。正所謂動口不如動手，動手又不如動腦，如果一個懶人不願動手又不願動腦的話，那當然不具績效創造力。

記住，懶不是廢，而是一種思考方式，為了讓自己能夠偷懶，所以好好的思考怎麼做能夠更省力；為了讓客戶能夠偷懶，所以好好的思考提供什麼樣的產品及服務能夠讓他們更輕鬆。從飛機、汽車、電腦到智慧型手機，哪一項發明不是在幫助人們更偷懶？

不少具有懶人創新力的人，學業成績不一定出色，因為對他們而言，如果六十分就能及格，為何要花九十分的力氣來念書？要知道，這三十分可是得讓懶人們付出多大的代價啊。事實上，不少卓越的成功者在校成績不理想，正因為他們具有這種懶人特質。

比爾．蓋茲曾打趣的說：「我有幾科考試沒過，但我同學全都過關了。現在，他在微軟擔任工程師，而我是微軟的老闆。」

千萬別小看懶人，因為推動著地球旋轉的，往往正是這些懶腦袋！

1-2 留白・適當的留白，才有進步的空間

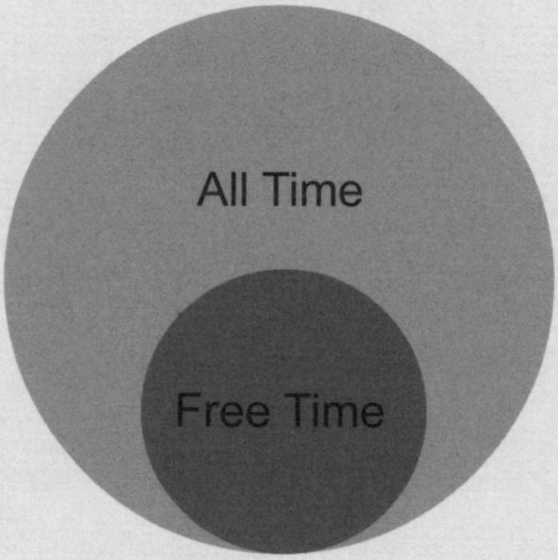

偷懶機會 = Free Time = 獨立思考 Time = 創造價值 Time

有留白時間，才有進步空間

窮忙族有什麼特色？

工作時間比人長，工作價值卻比人低；投入的體力比人多，領的薪水卻比人少。換言之，他們看起來很忙，卻不一定能創造什麼實質價值，就這樣陷入惡性循環之中。

那麼，有創意及價值的人才又有什麼特色？

不少創意型人才都擁有一個共同特質，就是懂得留白，找到獨處的時間及空間，在這段時間裡不應酬、不埋首在他人交辦的工作中，而是只留給自己。

他們將這段留白拿來整理思緒，用來寫作思考，用來創意思維，換言之，這段時間他們不一定做了很多實質的工作，但卻讓他們得以重新充電及沉澱，去完成未來更多的事。因此，看似在偷懶的留白時間，反而是所有人才最不可或缺的關鍵時刻。

不少老闆認為花錢請人，員工所有的工作時間當然要用在公司指派的任務上，以追求最高的工作效率。其實每一個能帶來價值的人才，都一定有自己的工作邏輯，把流程訂死了，反而扼殺了員工的最大效率。

不少老師認為領錢教人，學生所有的上課時間當然要用在學校安排的課業上，以追求最高的學習效果。其實每一個能主動學習的學生，都一定有自己的學習習慣，把課程壓死了，反而扼殺了學生的最大可能。

有留白的時間，才有進步的空間

如果我們再從3M、Google及哈佛大學的用人及教學來看，或許這種想要管控所有時間的思維，反而阻礙了人們的進步。

3M是一個極具創新精神的企業，公司內部有一個特別的「十五%私釀酒」文化，准許研發人員將上班時間的十五%作為自己的Free Time，他們可以隱瞞公司自由的研發自己的新產品，當有了成果之後再向公司推銷，如果能夠成功被商品化，將有機會獲得公司提供的十五%紅利回饋。

之後Google更進一步的將這個Free Time加碼到了二〇%，Google的工程師可以活用二〇%的上班時間，毋須埋首於公司交辦的任務中，可隨心所欲又無所侷限的投入在自己的創新世界裡。事實上，Google許多創新的產品，就是在這樣的自由文化中孕育而成。

這個十五%及二〇%的時間，就是公司提供給員工的「偷懶機會」。人都有惰性，滿足了他們的懶細胞，給予正大光明偷懶的機會，反而更容易激盪出全新的好點子。

再來談到最富有創造力的教學，莫過於哈佛的個案式教學，這套教學方法最早源自於一八七〇年的哈佛法學院，並分別於一九一〇年及一九二〇年被哈佛的醫學院及商學院所沿用，近年更成為全世界各大管理學院爭相學習的模式。

所謂的個案式教學，是從現實生活中找到值得發掘或探討的議題，並將相關的故事及背景資料撰寫下來成為個案，讓學生能夠扮演個案中的決策者角色，並透過老師的引導及同學間的互動，去針對個案進行分析討論，以激盪各種可能的解決之道。

不同於傳統的填鴨式教學，個案式教學不用背誦，也不是在尋找正確答案，而是培養學生主動發掘、分析並解決問題的能力。因此有靈感時，你可以暢所欲言；靈感枯竭時，你也可以偷懶當個旁觀者，聽聽同學有什麼樣的高見。

換言之，這是一堂自主決定學習績效的課程，這樣的教學方式不但成效極佳，更培育出不少卓越的成功者。學習的特別之處就在於，當要求高度專注時，精神反而容易渙散，若給予了散漫的機會，反而能夠在必要時集中注意力。

這也正是前面所說的有留白的時間，才有進步的空間。

不給摸魚機會，就抓不到大魚

人才的特質，就是需要一些留白的時間與空間，用來做獨立思考，然而，如果一個人壓根兒不是人才，壓根兒不珍惜留白的時間，那對這個人而言，留白就不一定能產生價值了。

正因為人有惰性，才會引發動力去思考，找到創造最大效能與效率的方法，而反過來思考，如果想要創造最大的效能與效率，就要提供一些滿足人們惰性的機會。

無論身為老闆還是老師，如果只知道將員工及學生的時間填滿，反而會侷限所有的可能性，讓他們失去創造力。

人不但有一副懶骨頭，更同時有一副賤骨頭，你愈是希望掌握他們全部的時間，愈容易讓他們打從心底反彈而失去活力；反之，如果能夠提供一些偷懶的機會，反而能夠讓他們聚焦於核心問題上，創造無限可能。

畢竟，不給摸魚的機會，又怎能期待抓到大魚呢？

1-3 簡單．簡單又能聚焦，才會被人記住

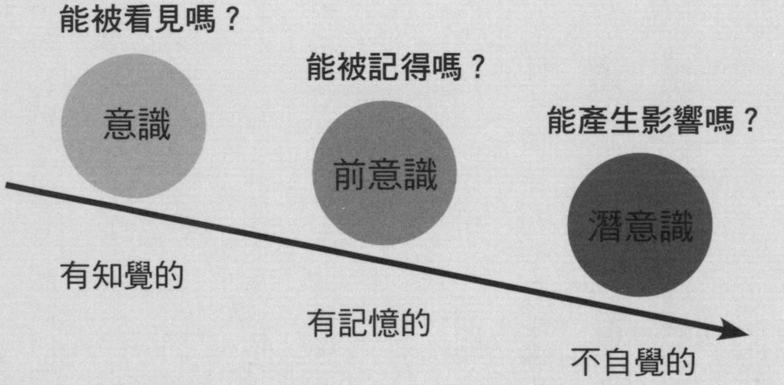

不夠簡單，在「意識」階段會被排除

太過繁雜，不容易進入「前意識」被記住

不夠聚焦，難以在「潛意識」中產生影響力

如果要在大學的行銷管理第一堂課上，向從未接觸過行銷學的同學介紹什麼是行銷管理，該如何介紹呢？

若以維基百科對於行銷管理的定義來說，「行銷管理是一種分析、規劃、執行及控制的過程，並藉此程序來制訂創意、產品或服務的觀念化，再來進行訂價、促銷與配銷等決策，進而創造能滿足個人和組織目標的交換活動……」

看完這段文字後，你有比較認識什麼是行銷了嗎？好像有，又好像沒有。那麼如果類似這樣的文字講了一學期，你會記得這堂課到底講了些什麼嗎？

想想，一個課程或演講，就算傳遞的學問再怎麼高深，最後能留在聽眾記憶中的部分卻是少之又少。能留下來的通常不是什麼高深的理論，反而是一些有趣的梗或故事。

如果我們換個方式，只擺上兩張照片，第一張照片是位女孩穿著時尚的涼鞋，露出來的腳趾頭擦上晶亮的指甲油。第二張照片是這位女孩脫下涼鞋的樣子，原來被涼鞋包覆住、他人看不見的其他腳趾上，根本沒塗指甲油，邋遢極了。

我說，這就是一種行銷管理，隱惡揚善，要從顧客的角度去思考，在看得見的部分將最好的一面帶給顧客，並以此為思考點，來決定你的產品、價格、通路、促銷。聽起來似乎沒那麼專業，但是不是讓人有印象多了？

大學生的報告也一樣，有些同學很認真，蒐集了相當多的相關資料，並努力將這些資料往簡報裡塞，整個報告幾乎都在介紹他們所找來密密麻麻的文字，雖然資料豐富，但卻不容易讓人留下太深刻的印象。

有些同學很混，利用Google複製、貼上了一些文字，就連報告的人自己也跟這些內容不太熟，整場報告像小學生在唸課本一樣，這種報告其實也不容易讓人留下什麼印象。

最終能讓人印象深刻的報告，重點不一定要多，只聚焦在一兩個核心，且找來的次級資料通常不多，而是用幾個簡單的創意及故事來呈現，因為聽眾的專注力遠比我們想像中的差多了。

除了簡單，還要能聚焦

心理學家佛洛伊德認為，人的精神狀態可以分為意識、前意識及潛意識，而人的欲望及情感等精神活動，正是受到這些意識層次所主導。

意識指的是人們有知覺的心理意識，並透過這些意識理性或感性的回應外界。前意識指的是人們能夠藉回憶取得的心理意識，這些意識並非時時刻刻存在，但卻是能夠被憶及的。而潛意識則是人們最深層、不自覺的心理意識，且往往支配著人們的本能及欲望，驅使著人們的行為。換言之，無論是一篇文章、一段演講，還是一項產品，觸及觀眾時都將歷經這三個階段的挑戰。

「意識」——東西能被看見嗎？

「前意識」——東西能被記得嗎？

「潛意識」——東西能進入到人心嗎？

而這所有的挑戰，往往就取決於我們的東西是否夠清晰、簡單。

如果我們的東西不夠簡單，往往人們在「意識」階段就會選擇排除，即使看完了，如果太繁雜就不容易進入到「前意識」被記住，就算記住了，如果不夠聚焦也難以在人們「潛意識」中產生影響力。

簡單是最高級的複雜

為什麼ＴＥＤ演講時間僅有十八分鐘？為什麼 iPhone 款式選擇如此少？在夜市中受歡迎的攤位，是只賣少數產品的攤位，還是什麼都賣的攤位？在網路上受歡迎的網頁，是三分鐘內就能看懂的，還是需要花十分鐘研究的？

正因為惰性是人與生俱來的，觀眾的注意力及時間都是有限的，無論產品、文章或演講再棒，如果需耗費人們太多的成本，就難以在人們心中留下太深刻的印象。

賈伯斯（Steve Jobs）曾引用達文西的名言：「簡單是最高級的複雜。」

賈伯斯發現，過去市場上的產品種類型號繁多，卻鮮少有能夠主導市場的產品存在，這現象讓消費者在挑選時傷透了腦筋。事實上，好東西不能期待消費者自己去做功課了解，而是應該要引導消費者在最短的時間內了解商品並做出選擇，多數的消費者都是懶人，不要期盼他們會自己做功課。

因此我們可以看見 Apple 無論是筆記型電腦 MacBook，還是智慧型手機 iPhone，型號永遠不會多，甚至顏色的選擇相當少，因為當選擇過多時，反而容易產生迷惘及焦慮，造成資訊整合上的矛盾。回過頭來思考，人們真的需要如此多的選項嗎？或許，簡單才是最高級的一種複雜！

在這個網路經濟發達的時代，資訊多到讓人看不完，看完了也不一定記得住，記得住也不一定能產生影響力。觀眾的注意力及時間都是相當寶貴的，**如果東西太複雜，就難以突破人們的意識、前意識及潛意識而產生影響力，因此愈簡單的東西愈具價值。**

觀眾都是懶人，簡單才是最高級的複雜！

1-4 簡化・重組與簡化，一勞而永逸

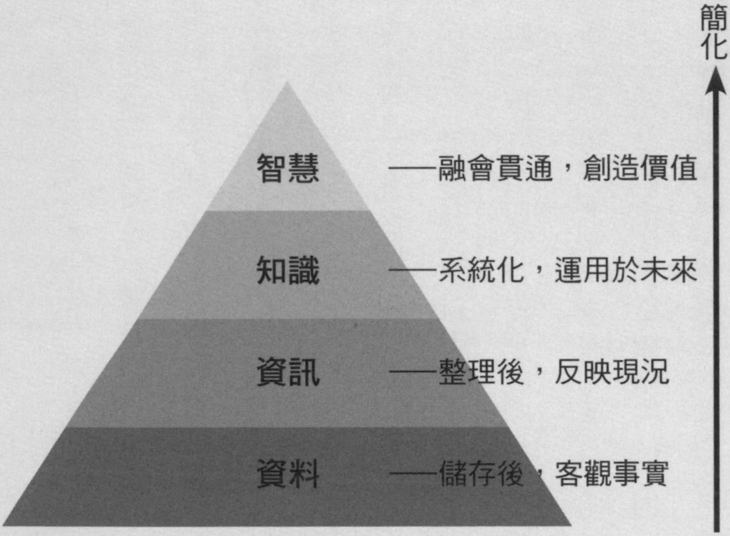

越簡化越能一勞永逸

一位在大學任教的老師，在閒聊中曾問了我一個問題：「平均一篇商管或職場文章需要寫幾天？」

在他的認知裡，要寫一篇商管類的文章，就算沒多少字，也一定需要去找些資料及理論，更免不了要有些編輯及消化的過程，肯定是費時耗日。

然而事實上，如果你有一個資料庫，根本不用幾天，在有了方向後，一篇文章只要兩、三個小時就能完成。為什麼？因為準備功課早就先做好了。

在我開始寫專欄的幾年前，偶然看到某家出版社辦了一個出書活動，只要得到第一名，出版社將會提供出書資金的補助。一來當時正好有空，二來其實對於寫作還算有興趣，我就嘗試參加了這個活動。

當時我用四個月的時間挑選了十二個品牌故事，每一個故事至少都會到圖書館借來五本相關書籍，如此就有六十本書，接著再以只看大標，快速重點節錄的方式，找出自己特別有感的部分重新編輯改寫，再結合過去所學到的商管理論，完成了將近六萬字的書稿，並投稿到這個出書活動。

結果呢？當然落選了！得獎哪有那麼容易。那我不就浪費了四個月的時光，寫了一堆廢文嗎？我當時確實也是這麼想……

後來這些被退稿的四十多篇文章，成了我部落格的第一批文章。而當我有機會開始寫專欄時，這四個月的寫作功課，又成了我後來寫專欄最大的資料庫來源。新觀念可結合舊故事，新故事可結合舊理論，我隨時可以從當年被退的書稿中找到相呼應的理論及觀點，寫作起來有效率多了。

不少人眼中的知識分子，看起來似乎博學多聞，總能快速的想到不少好點子，其實他們不一定比較聰明，而是透過大量閱讀、整理、簡化、撰寫的步驟，建構起個人的資料庫，也等於是打造了一個軍師，如此才能夠一勞而永逸。

想想，大學念四年商管的收穫，可能都還沒有認真寫四個月的書來得多。如果沒有經過整理及簡化，其實有些東西仍然不是自己的。

資料、資訊、知識、智慧

簡化的過程通常包含了資料、資訊、知識及智慧。「資料」是能被儲存下來的客觀事實，當進行分類歸檔後，能夠反映出現況的即為「資訊」，再系統化後能夠被運用於未來的即為「知識」，知識經過融會貫通後能創造價值的，就是人的「智慧」。人類文明的發展，正是經由這些過程淬鍊而成。

一八六〇年，科學家已陸續發現了六十餘種化學元素，但卻一直難以將之理論化及系統化，直到俄國科學家門得列夫（Dmitri Mendeleev）依各元素的特性及大小，反覆的整理及重組後，將所發現的定律整理成「元素週期表」才有了突破。門得列夫並依自己的推論，在週期表中留下了幾個未發現元素的空格，過了幾年後，這些預言的元素果真一一被發現。

就像這樣，藉著資料及資訊的重組簡化，不但有助於啟發智慧預測未來，更有機會成就一些商機。

IKEA 的創辦人坎普拉（Ingvar Kamprad），從小就喜歡觀察別人店面的經營模式，他發現多數店家的老闆為了在雜亂的倉庫中找貨品，浪費了許多時間，而如果想要讓經營更上軌道，流程的簡化絕對是首要任務。於是在坎普拉創辦了 **IKEA** 後，立馬開始了他的簡化工程。

IKEA 的家具都堅持採用模塊組合及平整包裝，因為坎普拉認為，與其找來大量員工為顧客找貨品，還不如清楚的將貨品陳列給顧客看，這樣的設計一來方便顧客自取及組裝，二來也方便公司運輸及補貨，而統一的商品規格及定價，更為他省下不少的資訊管理成本。

IKEA 藉由賣場、倉儲及資訊的簡化，大幅減少了自己的麻煩，這些簡化無疑是最高竿的一種偷懶方法。

同樣的，這些簡化工程也得靠長期的觀察及資訊蒐集，才有機會找出一套最有效率的簡化法。

一勞方能永逸

想偷懶要先想如何簡化，方能一勞而永逸。

好文章，能將複雜的想法，用最簡易的方式傳遞給讀者。

好老師，能將複雜的學問，用最簡單的方式傳授給學生。

好專業，能將複雜的商品，用最簡化的方式傳達給客戶。

人都是有惰性的，正因為懶，所以才會去找好書、找好老師、找好的專業，找出最輕鬆的途徑來完成目標。而對於作家、老師及專業人士來說，簡化不但能去蕪存菁，過程中更能重新整理所有的資源及想法。

如此才能省下不必要的麻煩，把時間用在重要的地方，找到真正的核心價值。

1-5 簡約·扔掉「雜務」及「雜物」，容納新思維

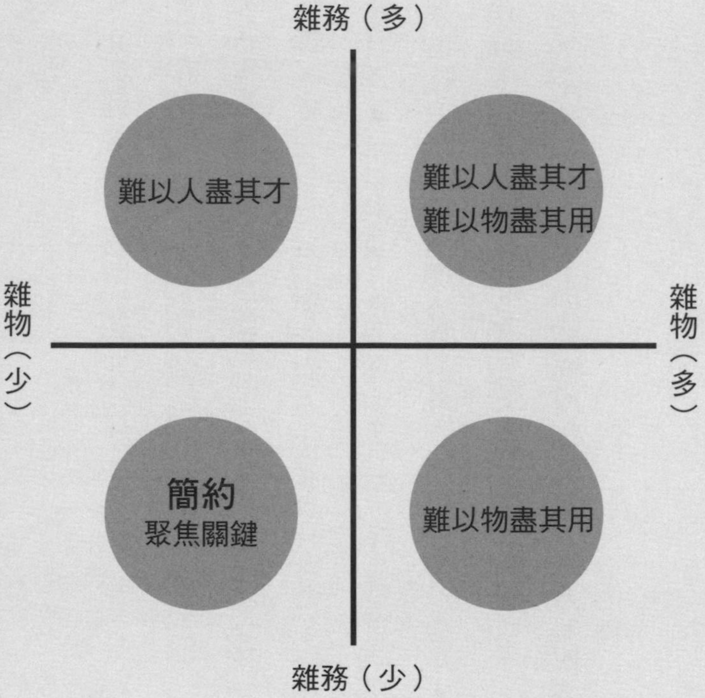

「哇，股東大會送的贈品不錯耶，一口氣帶了好幾個回家，後來卻發現這些成本低廉的贈品根本不太想拿出來用，現在還躺在家裡的一角，不過總是有機會用到吧？」

「上次量販店大特價，消費滿千送百，還拿了不少的試用包，本來自認為撿到不少便宜，事實上大部分的東西現在都還堆在家裡用不到，但總會有派上用場的一天吧？」

「上次到書店一口氣買了好幾本書，想找個時間來好好的看一下，之後朋友又推薦了幾本好書，就又上博客來訂購，結果卻發現自己根本沒有時間及心思好好的讀，大部分的書不是囫圇吞棗，就是隨便翻翻便擺在書櫃裡當裝飾了。」

「學無止境，為了讓自己更有競爭力，安排了不少進修的課程，但當中不少課程還上不到一半，就發現其實自己沒什麼興趣，為了怕浪費學費，雖然覺得沒什麼實質收穫，還是形式上的去聽一下課。」

你身邊有沒有這樣的朋友，想買的東西很多、想做的事情不少，但很多買回家的東西，最後根本就用不到，卻又捨不得丟；很多想做的事情，最後根本就做不到，總是不了了之。買回來的東西、寫進行事曆的規劃，最後的實現率總是很低。

其實，這就是不夠「簡約」，讓自己有太多的「雜務」及「雜物」，以至於最後反而一事無成。

雜物多了，容易讓人無法有效率的發揮物品的價值，還可能花不少金錢在這些根本沒有未來效益的雜物購置上。雜務多了，容易讓人無法有重點的發揮個人的價值，還可能花不少時間在處理那些根本沒有意義的事情上。

那些能輕鬆、快速抓住重點的人，往往最懂得「簡約」的重要性。

學會一開始就簡約

行程一旦排得太滿，一定會有部分的行程難以完成，而當習慣了自己的規劃總是不能實現時，就會陷入一個惡性循環——反正不一定要實現，那麼所有的行程有排等於沒排，久而久之，就成了一個可以隨便規劃、卻又可以隨便放棄的人。

因此，學會為自己的「雜務」把關，是決定一個人處事效率的關鍵之一。東西一旦買太多又捨不得丟，就容易囤積。如果在工作場合堆滿用不到的雜物，或是在居家環境堆滿用不到的雜物，那麼工作一定沒效率，居家一定不愜意。

因此，學會為自己的「雜物」把關，是決定一個人消費效率的關鍵之一。最好的方法就是別輕易的讓雜物進到家門，如果某個東西在未來根本用不太到，在攜入家門前就該丟掉了。如果某項任務在未來根本做不太到，在排入計畫前就該捨棄了。學會為每次的購物及規劃把關，愈簡約愈好，才是一個有效率的把關人。

但不少具有高度創意的人，桌面不也都是凌亂的嗎？

確實沒錯，但如果再細心觀察，會發現這些具有高度創意的人通常是亂中有序，而且當中鮮少會有用不到的垃圾存在。換言之，他們只是把所有用得到的東西，以較隨興、隨意的方式，擺在自己腦袋管理得到的地方而已。

沒有雜物才能物盡其用，沒有雜務才能人盡其才

簡約的思維絕不是空虛及匱乏，而是創造更多的空白及空間，讓腦袋得以有機會運轉。

讓原本複雜的活動，變得愈簡約愈好；讓原本複雜的物品，變得愈簡約愈好。如此才不會被雜訊所淹沒，反而看不到真正重要的事情。

在消費時，不能因為錢多就亂買，不能因為錢少就不花該花的錢。對於每筆花費，都應該有一個獨立的評估系統，不把錢花在雜物上，不把時間花在雜務上。

預防永遠勝於治療，與其等東西變雜亂之後再來整理丟棄，不如一開始

就別讓垃圾進家門；與其等事情變麻煩之後再來煩心收拾，不如一開始就別自找麻煩，在麻煩找上門前先學會把關。

當一個人的生活不再習慣被雜務及雜物填滿時，才有機會放進新的東西。

愈懂得過簡約生活的人，愈有機會找到創造價值的機會，才不會把心思放在那些無意義的地方上大做文章。

沒有雜物，才能物盡其用；沒有雜務，才能人盡其才。

1-6 避險・管理風險，不輕易冒險

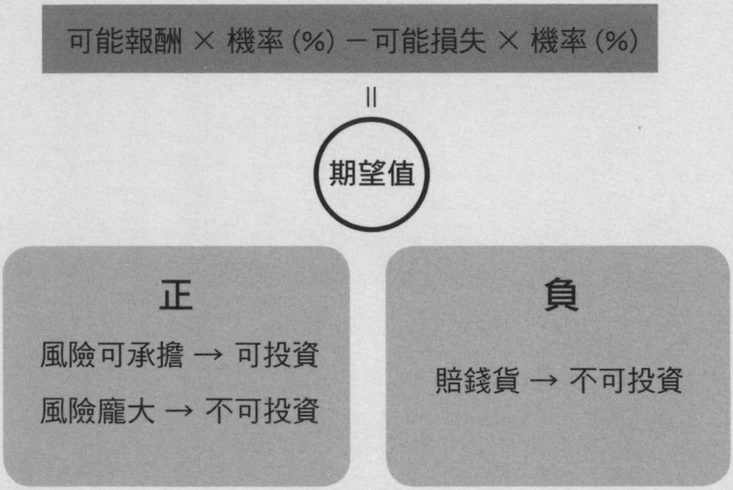

一位開工廠做生意的老闆，過去在經濟起飛時賺了不少錢，他有才幹、有衝勁，也頗懂得交際，因此事業做得還不錯。唯一的壞習慣是他賭性堅強，常窩在賭場打麻將，而且玩的還不小，一個晚上可以有上萬元的輸贏。

除了麻將外，他也喜歡簽賭當時很風行的六合彩，然而十賭九輸不是假的，這位老闆光敗在賭博上的錢，已經足夠讓他買下當時台北市的房子了。

有著生意頭腦的老闆也發現，在賭局中如果你不是莊家，只是個閒家，想靠賭博賺錢根本難如登天，於是在一個機會下，他與朋友合夥成了六合彩的組頭，當起了莊家，讓別人來跟自己簽注。當組頭的第一期，就讓他輕鬆賺進六位數的簽賭金，第二期、第三期也賺進大把鈔票，然而人算不如天算，在某一期竟然被簽中了最大獎，得賠出高達八位數的賭金！

因為這筆賭金，讓本來手頭寬裕的老闆瞬間積蓄歸零，房子拿去抵押借錢，還借了三分利的高利貸。他從一個人人稱羨的大老闆，成了每天在跑三點半的落魄中年人，雖然事業還在，但這次的打擊著實讓他風光不再，跌了人生好大一跤。

可怕的是，賭性似乎是與生俱來的，聽說一直到現在，他仍然沉湎在賭博的世界裡，也離成功企業家的形象漸行漸遠了。

冒險精神，絕非成功者必備的特質

冒險精神往往是成功者故事的醍醐味，但卻不一定是成功者必備的特質。

假設一部動作冒險電影，主角可能會面臨五次的生死關頭，每次掛掉的機率約為五〇％，那麼從統計學的角度來看，主角存活下來的機率應該僅有三．一二五％，顯然主角沒掛掉並不科學。

最主要的原因便在於電影是故事，要加入緊張及冒險的情節，觀眾才會大呼過癮。同樣的，成功者的故事也是故事，必然也經過去蕪存菁，去掉的可能是最無趣卻踏實的部分，而留下的往往就是被加油添醋過後的冒險精神。

冒險勢必伴隨著高度的不確定性及龐大壓力，費神又費力，事實上，聰明的懶人根本就不愛冒險。

投資之神巴菲特（Warren Buffett）說：「除非有合理的報酬，否則我連小風險都厭惡去承擔。」

巴菲特在十幾歲時就用打工掙來的錢，透過父親以三八．二五美元買下第一張股票，結果這張股票一路跌到了二十七美元，讓童年的他第一次感受到投資帶來的龐大風險及壓力，於是在股票漲回四十美元後，他就迫不及待的賣掉，結果這支股票一路漲到了二〇二二美元。這次的經驗讓巴菲特從此更加重視投資的穩定性，也養成了投資不跟風，而要看企業經營本質的習慣。

常有人說別將雞蛋放在同一個籃子裡，巴菲特卻認為，應該把雞蛋放在同一個籃子裡並小心的看管，因為要避險，就必須盡可能完整的去了解手上的雞蛋，審慎的評估所有可能的風險並加以控制。因為成功唯一的一條路，就是不失敗。

管理風險而不冒險

賭博被視為最冒險的行為之一，那麼拉斯維加斯金沙集團的董事長阿德爾森（Sheldon Adelson）所經營的博弈業，不正是最大的一場冒險及豪賭嗎？實則不然，從輪盤、骰子、百家樂到吃角子老虎機，所有的賭局設計都是對莊家絕對的有利，也就是說，只要賭場的營運順利，且賭局能夠無限輪迴的情況下，莊家根本是穩賺不賠。

阿德爾森更曾說過：「科技必須不斷創新才能滿足消費者，然而博弈業不用，因為賭性本來就是人類與生俱有的欲望。」換言之，他經營的是一個賭了穩賺不賠，又不會被時代淘汰的永續事業，何來冒險之有？

風險的概念很重要，在進行任何一項決策時都要先估算期望值。所謂的期望值，是清楚掌握最終報酬及成功率，不過，即使期望值是正的，也不代表就一定是好決策。若有一個機會，有五十五％的機率可以賺一百萬，四十五％的機率會賠一百萬，該不該賭？

答案是不一定。如果你是身家上億的投資者，而期望值是正的，那這就是一個好投資，只要能大量找到類似的投資標的，通常可以慢慢累積財富。但是，如果這一百萬是一個人的最後保命財，輸掉了就只能流落街頭，那麼這還會是一個聰明的賭注嗎？

開賭場的不會進行贏不了的賭局，做投資的不會承擔抓不住的風險，他們從來不冒險，而是戒慎恐懼的評估可能的風險，進而規避及控制，以追求長期而穩定的獲利。

事實上，不少的成功者根本不愛冒險，他們不打沒把握的仗，也不愛進行一趟無法掌握方向盤的旅程，且永遠不會讓自己置身於無法承擔的風險中。他們習慣有系統的計算並消弭風險，擅用所擁有的資源，去創造一些穩健的機會及契機，這才是永續成功最重要的一個特質。

過度的冒險本身是很費神費力的，要當一個聰明的懶人，就別把自己放在那個麻煩的位置上。

1-7 口碑．耕耘老顧客，建立「好口碑」經濟

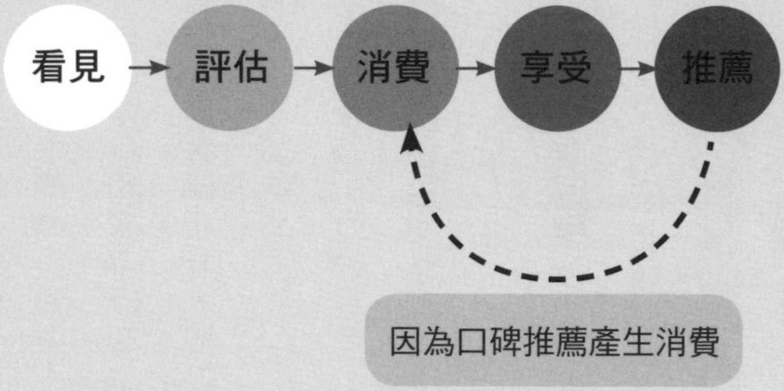

口碑的建立，可省去等著被看見與評估的時間

搭計程車是件有意思的事，只要願意開口及留心觀察，在短短的時間及小小的空間裡，有時也能得到一些有趣的資訊。

有些司機喜歡大談政治話題，有些司機的副駕駛座堆滿私人物品，有些計程車裡菸味撲鼻，有些司機喜歡穿著居家的藍白拖就上路。我曾經遇過一個富二代開名車來當計程車，只是為了打發時間。甚至也有過因為目的地與司機回家的方向不同，而被請下車的經驗。

然而，因為景氣不好及環境變遷，現在計程車的生意愈來愈難做，一位司機先生告訴我，在過去，一個月隨便跑都能有四、五萬，現在跑得要死要活，扣掉油錢及靠行費等必要支出後，只剩下兩、三萬的收入，根本就是一個高工時、低報酬的血汗工作。

不過，我前陣子遇到的一位計程車司機，卻顯得有些不一樣。

這輛計程車雖不是什麼名貴車種，但從裡到外及司機的穿著，都帶給人一種得體得宜的舒適感。「景氣不好，計程車是不是愈來愈難跑了？」上車後，我隨口問了問。

「大環境是不好，如果現在跑車的方式還像過去一樣，確實會跑得很辛苦。想要賺多一些，賺輕鬆一點，還是需要些經驗及口碑。」司機先生說。

經驗？口碑？這個答案倒是與我過去對計程車司機工作的認知有些出入。計程車靠的不就是勤奮及運氣嗎？按理說，這應該是一個「三分天注定，七分靠打拚」的行業啊！

原來，計程車要跑得好其實有不少學問，大至機場、車站，小至百貨公司都有其不同的領域及規矩，即使只是路邊載客，哪些時間、哪些地點能夠載到高報酬的好客人，都是需要些經驗的。只要能摸熟自己地盤的顧客特性，載起客來就能事半功倍，這就是經驗。

經驗或許還能理解，那什麼是口碑呢？不都是隨機載客，哪來的口碑？

原來，這位司機在載隨機客之餘，竟然有數十位的老主顧，他們會透過電話、Line、臉書來跟他敲定時間及行程，而當彼此之間培養起足夠的默契及信任後，連接小孩、老婆及長輩，甚至是應付臨時的緊急需求，都可以是他服務的範圍。「上次載一位老客人到了機場，他才發現把護照忘在家裡，我還空著車到他家裡幫忙拿護照，這種生意的收入很不錯，而靠的其實就是信任及口碑。」司機先生如此說。

如果只是正常排班及載路邊客人，能夠賺取的其實就只是同業裡的「正常利潤」，而想要賺到比別人更多、更輕鬆的「超額利潤」，就一定得有一些好的賣點及賣相，並打造良好的個人口碑。就像這位司機儀容得體、談吐得宜、車子又舒適，還提供老顧客多元彈性的乘載服務，才讓不少的老顧客願意指定他的車，讓他省掉不少尋找客人的時間。

有關係就是沒關係

俗話說得好：「有關係就是沒關係。」意指只要與當事者攀上關係，往往就能從中得到許多的方便及助益。而所謂的關係行銷，就是一種以顧客關係導向為出發點的思維，希望能夠**透過關係的建立，提高顧客的忠誠度，進而透過口碑吸引更多的顧客上門。**

我們在看的新聞，可能是陪家人看。

我們在吃的美食，可能是陪情人吃。

我們在玩的遊戲，可能是陪朋友玩。

我們在買的團購，可能是陪同事買。

人都是有惰性的，因此從消費、消遣到消息，多數都是來自於現有的人際關係圈，從看見及聽見的資訊中去選擇，而鮮少是刻意去費心搜尋的，這就是口碑，也是一種透過關係來選擇的懶人經濟模式。

消費循環可概分為五大步驟——「看見、評估、消費、享受、推薦」。一般的消費行為中，往往必須歷經被看見及評估後，才有機會被消費，然而，如果能夠像這位司機一樣擁有自己的口碑及老顧客，就能跳過被看見及評估的步驟，直接讓老顧客回籠及推薦，帶來源源不絕的好生意。

顧好口碑及老顧客

這是個連律師、醫師、老師都有機會流落街頭的年代，工作頭銜早已不是收入的保證，若留心觀察，其實各行各業都存在著這些「超額利潤」的擁有者。

行銷大師喬・吉拉德（Joe Girard）曾說：「人一生裡賣的唯一產品，就是自己。」指的就是個人品牌的塑造，而這一切都得從顧好個人口碑開始。

相關研究指出，找到新顧客所要付出的成本是留住老顧客的五倍，而流失一位老顧客的損失，則需要十位新顧客來彌補。這正是因為顧客都是懶人，他們慣於隨緣又隨興的消費熟悉的產品，而不願意花太多時間來搜尋新玩意。

想要狩獵新顧客是很辛苦的，因此更要懂得去耕耘老顧客，讓老顧客成為我們的好口碑，為我們創造一種透過關係建立起的懶人經濟。

聰明懶人最失敗的一件事，不是獵不到新顧客，而是留不住老顧客。

1-8 目標·要有放棄的勇氣，才能找到最適合的目標

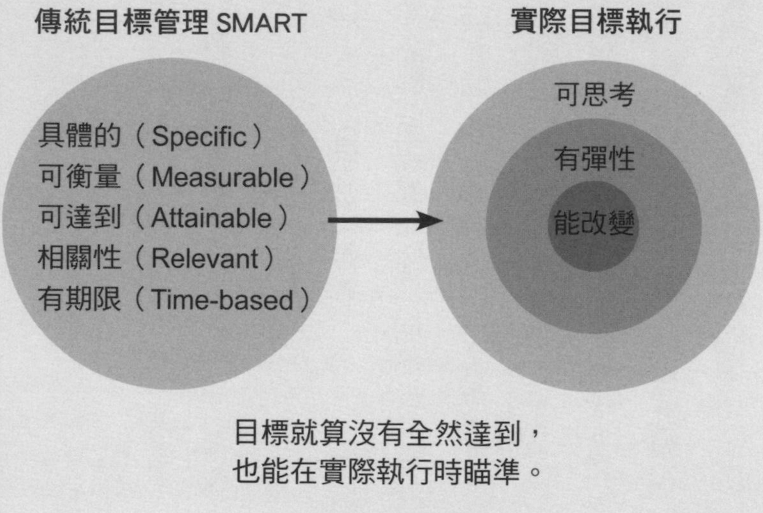

目標就算沒有全然達到，
也能在實際執行時瞄準。

有個同學的父母都是公務員，因為從小耳濡目染，所以很早就下定決心，把考上公務員作為人生的目標。大學畢業拿到了學位後，他就開始全心準備公務員考試，希望能夠掙得一個鐵飯碗。

然而，在民營企業普遍低薪的時代，公務員無疑是一個僧多粥少的職缺，要考上還真沒那麼容易，他就這樣在補習班窩了三年，仍然沒有如願考上。

要知道，一個全職考生的壓力是很大的，不但家裡會給壓力，親友也會過問，而這種浪費了三年光陰卻一事無成的無力感，更是讓人倍感焦慮。更麻煩的是，這位同學並不算是特別會念書的那種人，因此拚考試對他而言，不但經濟效益不高，痛苦指數也不少。

該放棄嗎？不，他認為既然決定了，就該勇往直前，反正父母都是收入尚可的公務員，家中經濟無虞，因此，他找了個便利商店的兼職，繼續半工半讀的準備公務員考試。

結果皇天不負苦心人，有志者事竟成了嗎？

不，對一個家中經濟無憂、準備考試又不得要領的人來說，不管給他三年還是六年的時間，結果都一樣，他考了六年仍一無所獲，也還在半工半讀。唯一的差別是，他稍微認清現實，投入在工作的時間愈來愈長，而投入在補習班的時間愈來愈短了。不過，每年的公務員考試，他還是一定會去報到。

從結果來看，他浪費了六年的時間，卻一事無成，就因為他是一個很「堅持目標」的人。

而另一位同學走的路線完全迥異，他在高中時就發現自己對念書沒天分，考試總是考不過別人，因此他很快就放棄了升學及考試這條路，高中畢業後就投入職場。

他先到小吃店當廚師學徒，發現自己缺乏廚藝天分——放棄！轉個彎！

他轉到房仲業當房屋仲介，發現自己缺乏業務熱情——放棄！轉個彎！

他又到貨運行當貨運司機，發現自己開車容易疲累——放棄！轉個彎！

之後，他來到修車行當學徒，發現自己對於汽、機車零件似乎頗得心應手，於是認真工作了幾年，累積一些資源及技術後，在老闆的支持下開了間屬於自己的機車行，成為一個小老闆。雖然不算什麼功成名就，但確實一步一步的讓自己更有成就了。

原來，有的時候「堅持」不一定好，「放棄、轉彎」也不一定不好。如果只懂得往目標直線前進，一旦碰壁就容易停滯在那裡了。因為我們沒辦法去改變這個世界的遊戲規則，只能不斷的修正目標，從中找到最適合自己的路線。

別拘泥於直線目標

你有沒有遇過那種很愛對別人訴說夢想的人？你覺得他們夢想的實現率高嗎？其實，愈容易實現目標的人，反而愈少將夢想掛在嘴邊，因為「夢想」是用來「想」的，他們必須不停的在腦中思考並修正，若一個人總是把明確的夢想掛在嘴邊，那就成了「夢話」了。

拳王泰森說：「每個人上台前都有計畫，但直到被迎面痛擊後才知道。」

有些人很會訂目標，還把目標的時間及細節寫得一清二楚，但通常他們很快就會發現真實情況與自己的計畫一定有所落差，因為一個人只能掌握自己的思維及行為，但不管是什麼計畫、目標，或多或少都會被其他人事物所牽動。

一個夠有挑戰性的夢想，我們不可能百分之百清楚當中的細節，以及未來會發生什麼事，就算有詳細的資訊，也不代表不會有變數，因此，並不需要在一開始就明確的決定最後終點長什麼樣子，只要大概知道目標的方向就已經足夠了。耗費大量精神及時間在說夢話的人，圓夢率往往是最低的。

學會放棄與轉彎

李小龍曾說：「目標不一定總是要達到，目標是用來幫助你瞄準方向。」

過去，「堅持」一個明確的目標，經常被視為成功的必要特質，認為無論做什麼事就是要堅持下去，只要堅持就一定會成功。但這真是對的嗎？原來，「放棄」有時也是一種勇氣，因為唯有敢於重新歸零「轉彎」，才能找到最適合自己的方向，而認識到自己的不足，也才能更客觀的找到最適合自己的資源。

愛因斯坦曾說：「天才和笨蛋之間最大的差別，就是天才是有極限的。」認識到自己有所極限，其實也是一種天分。認為自己沒有極限，只要堅持目標就會成功，才是一種愚蠢。

聰明的懶人，得先了解自己的極限在哪裡。

PART 2

懶人定位學

找對方向，少走冤枉路

找出自己的興趣及天賦、活用過往的學歷及經歷，發展強項、消弭破綻，做出聰明的選擇，為自己精準定位，才能少走些冤枉路。

2-1 定位・找到正確的位置，才能發揮真正的價值

區隔

將市場區分為不同群體

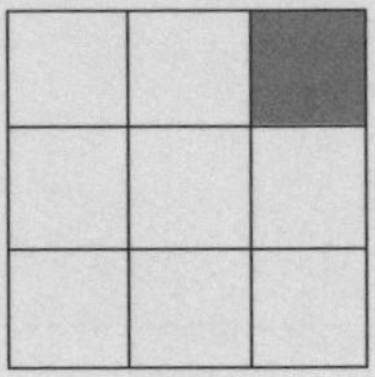

選擇

依優劣勢選擇目標市場

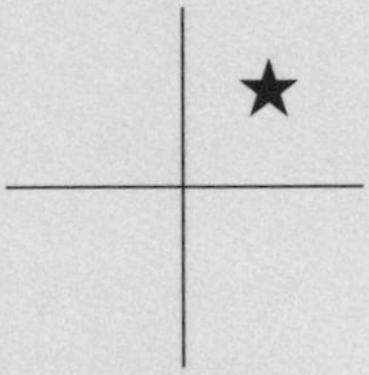

定位

扮演好這個角色與定位

漫畫是不少人兒時的共同回憶，而當時我最大的一個疑問，就是為什麼那些女生在看的漫畫，男主角都是又高又瘦，眼睛還會閃閃發亮，甚至有些角色登場時，背景還會出現花朵或寶石，這顯然一點都不科學啊，現實中哪來這種生物？

原來，我看的那些是「少年漫畫」，目標讀者是少年，因此男主角不用太美型，甚至可以矮一點、醜一點都沒關係，只要夠熱血搞笑就行。而「少女漫畫」的目標讀者是少女，男主角一定得像個王子才會受歡迎。如果我們再翻開「恐怖漫畫」，會發現當中的角色黑眼圈總是特別重，背景也很陰森。

同樣的，一樣是電視劇，目標觀眾是男性時，通常喜歡安排一個像英雄般的男主角，卻有好幾位女性愛慕著他；反之，目標觀眾是女性時，通常喜歡安排一個有點平凡的女主角，卻周旋在眾多癡情有才華的男性之間，不來個男一、男二、男三，好像整部劇就是不夠有味道。

其實，這就叫做「定位」。所謂的定位，就是為自己找到一個很清楚的

位置，並好好的扮演這個位置該有的樣貌，是少年漫畫就要有少年想要的熱血，是少女漫畫就要有少女想要的浪漫，是恐怖漫畫就要有讀者想要的陰森，如此才能讓別人能夠快速認識你，也讓自己清楚要往哪個方向前進。定位愈精準就愈有效率，也能愈快找到對的方向，少走一些冤枉路。

定位通常跟個人的特質及競爭力息息相關，因此可以從個人的興趣、天賦、學歷、經歷，以及現有資源等等，來確認自己的優、劣勢，再從中找到適合自己的位置，有了方向後，再來好好的定位。

透過「ＳＴＰ行銷策略」找定位

定位的過程通常可以分為三個階段，分別是市場區隔（Segmenting）、目標選擇（Targeting），最後才是定位（Positioning），這整個過程稱為ＳＴＰ行銷策略。

一 市場區隔

市場區隔的觀念最早可追溯到十八世紀的英國，當時的火車車廂開始採用不同的定價及服務方式，分成了一般車廂及商務車廂，他們發現這麼做，能獲得的利潤更高，從此商人們開始有了差別取價的概念。

市場區隔最主要的目的，是要將市場區分為不同的群體，並讓每一個子群體有著相類似的需求及特徵，以便進行分析及找到最適合自己的市場。

市場區隔不單單只能運用於企業品牌，每個人也都應該試著去分析自己的市場，做出一個區隔及選擇。

其實，我們從學生時代就面臨了許許多多的區隔，國中時學校依學生成績分成了升學班及放牛班，上大學則分為國立及私立，即使是同一所學校，又可分為商學院、工學院、文學院、醫學院等等。

進入職場找工作時，依行業別可分為科技業、餐飲業、保險業、零售業等等。進入同一家公司，可能又分為行銷部門、業務部門、研發部門、財務部門、人資部門，之後又可依職位高低及職務的不同，做出各種不同的職位區隔。區隔無所不在，愈能看清楚市場區隔，就愈有機會找到最適合自己的位置。

二目標選擇

完成了市場區隔後，就可依據自己的優、劣勢來進行目標市場的選擇。如果你不擅長考試，最好別去考公務員；如果你有一個工科腦，就別去找文科的工作；如果你擅長腦力活，就別去找一個體力活的工作。

在選擇目標時，有時重點不在於你多有本事，而是能不能找到一個需要你的位置。選擇一個能夠發揮所長的位置，才有機會發揮自己的真正價值。

三定位

定位是ＳＴＰ行銷策略的最後一個步驟，要依據市場區隔及目標選擇為自己找到一個明確的位置後，再好好的扮演好這個角色。

每個人都得學會行銷自己，而行銷最容易犯下的錯誤，就是妄想達成消費者所有想要的東西。事實上，當我們想要囊括所有事情時，最後會連一件小事都無法完成。

站在對的位置，才不會浪費時間與力氣

市場上的商品要有定位，來決定目標顧客。

戰場上的士兵要有定位，來決定任務執行。

球場上的選手要有定位，來決定球員配置。

職場上的人才要有定位，來決定職位安排。

定位並不是要讓自己受限在框架裡，而是不要讓自己在不對的位置，浪費了太多的時間及力氣。

一個聰明的懶人，一定要學會看懂組織及市場結構，並定位好自己的角色。這個定位，可能跟自己的「興趣、天賦、學歷、經歷」有關，為自己找到一個最合適的定位，才能少走些麻煩路，用最省力的方式，讓個人的價值達到最大化。

2-2 興趣・順應自己的興趣，發展競爭優勢

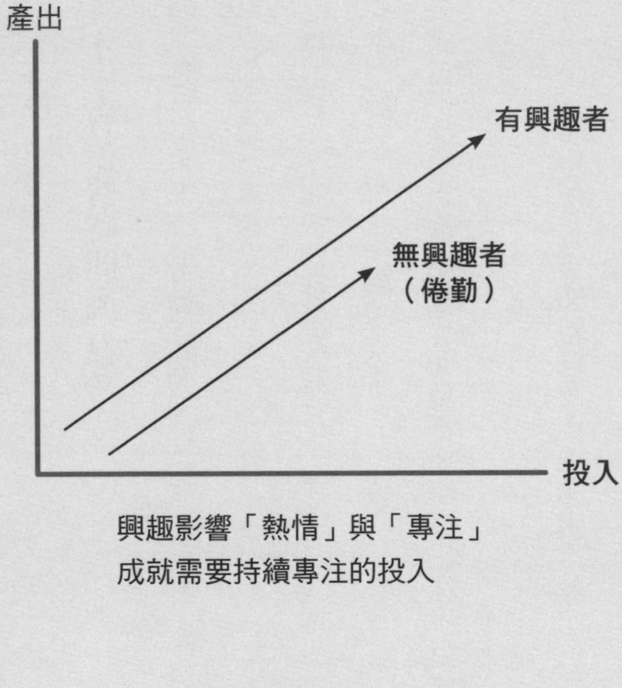

興趣影響「熱情」與「專注」
成就需要持續專注的投入

高中時，班上同學正流行一款線上遊戲叫「天堂」，基本上，這是以打怪練功為主軸，並以打到寶物為目標的遊戲。當時，多數的朋友無不將心力及時間放在提升自己的等級及打寶上。

但我天性懶惰，反而喜歡待在遊戲中的村子裡，去觀察玩家之間買賣裝備的「市集」。

我發現，在當時的新手村中，每個新手玩家都很需要一套三件式的裝備——「骷髏頭盔、骷髏盔甲、骷髏盾牌」，這是一套相對平價，卻又有不錯防禦力的好選擇。然而，要製作這套裝備最重要的材料「骷髏碎片」，卻是在新手村的地區打不到的。

於是，當時我最喜歡操控自己的角色，走到能夠打到大量「骷髏碎片」地區的村莊，以一個略低的價格去大量收購「骷髏碎片」，再回到新手村，將其他材料蒐集齊全後，做出成套的「骷髏裝備」來販售。

雖然我的等級總是比朋友低，但賺的錢卻反而比朋友多，最重要的是，我樂在其中。

不過，這筆「骷髏商人」的生意並沒有讓我賺太久，隨著其他玩家看見這個商機及跟進，再加上外掛程式的出現，市場利基就消失了。

後來我念商管得知，找到一個新的方法賺錢，就叫做「藍海策略」，但如果這個策略沒有進入門檻，就會被競爭者學走，最終這個市場會變成「紅海」。

讀大學時，因為喜歡ＮＢＡ籃球，所以喜歡蒐集「球員卡」。那是一個網路拍賣漸漸萌芽的時代，收藏者會將一些想要交流的球員卡，放到網路上進行競標買賣。

由於台灣的ＮＢＡ熱潮於九〇年代才漸漸普及，因此九〇年代以前的球員卡在台灣相對稀少，但卻有一些收藏者對這些「老卡」愛不釋手。

於是為了賺零用錢，我開始學著上美國「eBay」網站，從中找到一些有賺頭的「老卡」，競標回來台灣後，再重新整理搭配，以一元起標，一年下來也有六位數的淨利。雖然不是太多，但對我來說，這比起去找一般工讀有趣多了。

只是到了第二年，同樣的「老卡」一元起標拍賣策略，利潤竟然不到第一年的二分之一。並不是因為有競爭者跟進，而是台灣「老卡」的市場需求本來就不大，願意消費的需求者都已經買夠了。

後來我從經濟學得知，當市場需求固定，而供給增加時，最終的均衡價格就會下降。

如果不能創造需求，每一單位的淨利就會愈來愈低。

興趣是最好的老師

想想，從小到大念了那麼多的課本，然而，真正能被我們所用或留在記憶中的根本少之又少，反而是這些在興趣中得到的體驗及收穫，比起死板的課本要來得深刻許多，甚至更有助於未來的啟發。

小時候一些看似毫無助益的遊戲，或是不切實際的收藏，其實都是培養我們邏輯力及思考力的好教材，只要能夠樂在其中，並願意嘗試動腦去思考，如何把遊戲玩出自己的風格，如何找到一套專屬於自己的收藏法則，那麼從中得到的心得，比起死板的課本內容，往往能夠得到更多的啟發及助益。

有些家長認為小孩在課業之外，著迷於一些電動、遊戲或動漫並不是件好事，事實上還真不一定。

我也喜歡打電動，而且認為過去打電動的經驗，其實對於思考力及邏輯力具有一定程度的刺激作用，而當中不少遊戲的設計理念更能成為創意及靈感來源。

玩遊戲要把握一個重點，就是不能只被遊戲牽著走，而是要邊玩邊思考，遊戲的設計者到底在想什麼？

一個能夠引領潮流的好遊戲，通常都是由一群總明絕頂的人聯手打造而成，有人負責寫出好劇本，有人專注在角色的形象管理，有人建構出遊戲的世界觀，而為了能夠讓玩家入迷，從關卡的難易度、所需時間到破關的成就感，都藏著不少的學問在其中。

如果能在玩遊戲的過程中，嘗試從遊戲設計者的角度去思考，其實就像是看了一本好書，能夠獲得不少的啟發。

「這關卡為什麼要這樣設計？如果換個方式是否更好？」

「這劇情寫得非常引人入勝，如果我來寫會如何表達？」

「這角色造型為何這樣設計？如果少掉某些配件行嗎？」

一個好遊戲，並不是把角色弄到最帥、畫面弄到最華麗、困難度弄到最高就會好玩。因為太困難會讓人焦慮，太簡單又讓人覺得無趣，角色太帥有時反而讓人少了投射感，而當中的學問還真的要玩過才能體會。

只要能夠掌握主導權，在玩中學，並從遊戲設計者的角度思考，從中獲得不少的知識及靈感，甚至拿來結合自身的創意，就是好興趣。反之，如果只是傻傻的被遊戲世界牽著鼻子走，就不見得是好事了。

讓興趣自己找上門

興趣很重要，幾乎是每個人都懂的道理，因此有時候會聽到一些家長分享這樣的教育觀及論點——

「英文好才能發展國際觀，所以要培養孩子對外文的興趣。」

「常閱讀才能夠增進知識，所以要培養孩子對閱讀的興趣。」

「學音樂的孩子不會變壞，所以要培養孩子對音樂的興趣。」

這當中其實有一個很大的謬誤。所謂的興趣，通常都是與生俱來，並不是由爸媽指定培養就可以強迫得來的。

亞馬遜創始人貝佐斯（Jeff Bezos）說：「人們常犯的一個錯，是強迫自己對某事感興趣。其實不是你去選擇興趣，而是興趣選擇了你。」

要當一個聰明的懶人，不是逼自己為勤奮而勤奮，更不是逼自己要對某些事感興趣，而是順應自己的興趣所在，找到自己在興趣裡可能發展出的競爭優勢。

2-3 天賦．發掘專長與天賦，方能事半功倍

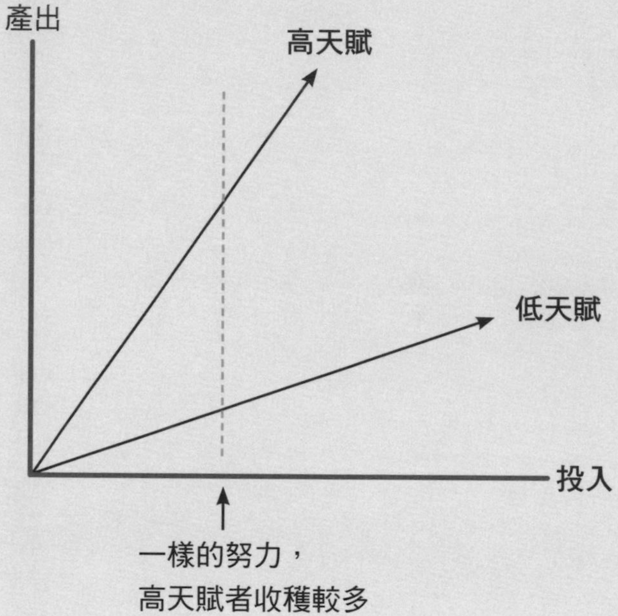

因為學生時代熱愛打籃球，自然而然的就喜歡看一些NBA的資訊，幾乎每個月都會到租書店借雜誌回來看。看著看著多少就有了些心得，總感覺自己似乎也能寫出一些東西來，最後決定不如就試試吧！

當時，我用了將近一個星期的時間完成近萬字的書稿，投稿到籃球雜誌。本來只是想嘗試看看，並沒有抱著一定會被刊登的希望，但如果能夠被刊登在讀者投稿欄位，也算是NBA球迷生涯的一個小紀念，說不定還有機會拿到一兩期免費的雜誌呢。

過沒幾天，我接到一通陌生的手機來電，竟然是籃球雜誌的總編輯親自打電話過來。

「你這篇稿子，我不能只把它當成讀者投稿，一定要給你稿費，什麼時間方便見個面呢？」

嚇！原本只是玩票性質的讀者投稿，竟然有機會被當成正式稿子使用，還有稿費可領！就這樣，我的文章被刊登在從小看到大的籃球雜誌上，同一個主題還連載了好幾期，成為一個外稿作者。

這也太令人振奮了！這不但是我的文章第一次被雜誌刊登，還領到了人生的第一筆「稿費」。

其實，過去我根本就沒有寫作的興趣及習慣，但這次的經驗卻讓我有了些信心——說不定我有寫作的天賦，可以好好利用一下呢！這也成了我未來持續投入寫作的契機之一。

想要提升個人品牌的方法有很多，有人選擇好好經營社團，有人選擇買關鍵字廣告，而我則選擇了持續投入寫作。有了專欄後，不但有稿費可以貼補家用，還有了免費的廣告——寫作的累積，無疑成為我相當重要的一個資產。

然而，如果我沒有一點點的寫作天賦，沒有寫出一點點的成績，其實我根本就懶得寫。如此想來，天賦難道不重要嗎？

天賦是現成的競爭力

試想，如果——

讓充滿故事想像力的華德·迪士尼（Walt Disney）去操作股票。

讓充滿數字敏銳度的華倫·巴菲特（Warren Buffett）去設計皮件。

讓充滿工藝設計力的路易·威登（Louis Vuitton）去創作童話。

那麼，他們或許都不會有今天的成就，這個世界可能就不會有股神、不會有名牌LV，也不會有迪士尼樂園了。

找到自己擅長的事是相當重要的，在某領域擁有高天賦的人，投資報酬就會比其他人更高，一樣的努力，卻有著更多的收穫，如此方能更有成就感、更投入其中。能找到自己的天賦所在，才得以有所成就。

曾經有一位朋友，在學生時代就展現相當不錯的外語天賦，不管是英文還是日文，學得都比別人快，一樣的時間開始學，人家還在努力背單字跟五十音的時候，他已經可以輕鬆的進行基礎對話了。

但由於這位朋友的父母親都是老師，因此在他畢業後，父母親就一直鼓勵他往教職發展，希望他將來可以當個老師，工作穩定、待遇又不差。拗不過父母的要求，他也就只好乖乖的往父母想要的方向前進。

偏偏這是一個少子化的年代，粥少僧多，學生很缺，最不缺的反而是流浪老師，於是他浪費了好幾年的青春在滿足父母的期盼，卻始終庸庸碌碌得不到一份穩定的教職，直到最後父母放棄，同意他去找其他的工作。

之後，他進入一家國際專利事務所，主要的工作是協助外國客戶進行專利的文字及口語翻譯。由於在外語方面優異的學習力，他工作沒幾年就培養出極高的工作效率，升遷頗快，現在領的薪水加年終一點都不比老師差，最重要的是，這樣的工作讓他有成就感多了。

別用爬樹的能力去評斷一條魚

愛因斯坦曾說：「每個人都有天才，但如果你用爬樹的能力去評斷一條魚，牠終其一生都會覺得自己是個笨蛋。」

但有時候我們的學校教育，卻像是把每一個人都丟到同樣的樹幹上，或是丟進相同的深水熱火中，用同樣的教材，寫同樣的考卷，在相同的基礎下，評比誰的分數比較高。回頭看看那些努力在考卷上拿高分的同學，他們的成就真的有比較高嗎？

事實上——

你是一條魚，就該在水中游。

你是一隻猴，就該在樹上爬。

你是一頭牛，就該悠哉吃草。

你是一隻獅，就該大口吃肉。

有所成就者，通常都不是最費心在考卷上拿高分的人，而是能找到屬於自己的專長及天賦所在的人，確認自己的競爭優勢及定位，再把事情做到好，如此才能創造個人的最高價值。

2-4 學歷・重要的不是學歷，而是能否轉化為實力

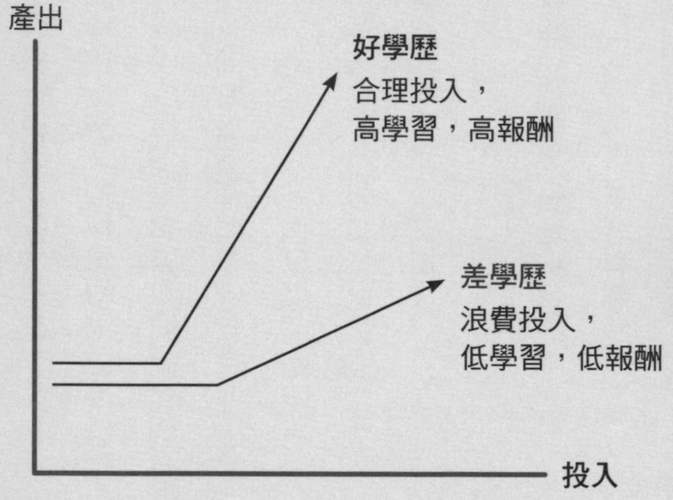

「這個社會太不公平，學歷又不等於實力！」

這是一位朋友在某次聚會中所抱怨的主題及內容，他認為自己因為學歷不夠漂亮，不但在求職時吃了不少虧，即使好不容易找到了工作，在起薪及升遷的機會上總是比他人少。

這位年輕朋友原先認為這是一個學歷無用的時代，而且不少成功者也沒有漂亮的學歷啊，因此他很早就放棄「浪費」時間在求學上。然而，現實與想像永遠是兩回事，在沒有學歷，又還沒有交出任何成績前，他看起來就是不太具有競爭力。

一位只有國中學歷、在海鮮餐廳當廚師的朋友則安慰他，其實學歷真的沒那麼重要，除非要找的工作跟學歷有關係。「我十幾歲就去餐廳當學徒，苦幹實幹學得了一手好工夫，才有機會掌廚，這可跟學歷一點關係都沒有。」

另一位朋友也說：「講白一點，就算念了一個博士，拿不到教職，人家也不會比較尊重你，說不定還覺得你社會適應不良，才躲在學校裡念書。」

聽起來似乎一點也沒錯……

但另一位畢業於前段班大學的朋友則認為：「學歷就算不代表實力，還是大有用處的。」並與大家分享了他的戀愛故事。

這位朋友過去一直沒有交女朋友，他在外地念研究所時，每個月總是會搭客運回老家一、兩次，在那小小的客運站裡，有一位漂亮的售票員媽媽，兩人頗投緣，總是能聊上幾句，但卻鮮少聊到彼此的家務事。

一天，這位售票員媽媽隨口問了他，「你念哪所學校呀？」

「我念××大學。」朋友回答。

這位媽媽一聽，忽然當起了媒人說：「真的？我姪女小你三歲，沒有男朋友，介紹你們認識吧！」說著說著，就自顧自的把手機拿出來秀照片給他看。照片中的女孩還真的是他的菜，於是這位老實的朋友在「夭鬼裝客氣」一番後，還是把握機會要到了聯絡方式。

這個媽媽會不會太現實？聽完學歷才肯介紹？而且在這個時代，學歷早已經不是未來成就的保證，不少社會上的問題人物也是來自名校，好學校跟好人品根本不能畫上等號吧？

但是不可否認的，在還沒有摸清底細之前，這些看似不太靠譜的學歷，往往就是決定最後「成交與否」的關鍵。人品的部分得靠時間證明，學歷至少能證明基本能力，而這也降低了作媒的風險性。畢竟，每一個人所得到的資訊跟判斷力都是有限的，不可能上知天文、下知地理，更不可能預見未來，所以都只能從現有的客觀條件來判斷事情，而在資訊不完全透明的情況下，至少要選個看起來靠譜一點的吧！

取得學歷的機會成本大不同

不過，這個時代的教育資源，其實跟家庭環境也有顯著的相關性，雖然很不公平，但能夠認清這個現實，才能重新去檢視追逐學歷對自己到底有沒有意義。要獲取相同的學歷，隨著每個人心性及環境的不同，所需付出的成本可能大不相同。

家庭資源較豐沛的學生，其家庭能夠提供他們去補習、學才藝、出國遊學增廣見聞，因此他們可以沒有壓力、也有更多的餘裕去專注於學生生活。

家庭資源較匱乏的學生，他們要自己背學貸，靠半工半讀來支付學費，根本沒有太多的餘裕去單純享受學生生活。

就算拋開家庭因素，也不是每個人都適合花太多的時間在追逐學歷上，有些人天生對考試、念書就是不得要領，如果是這樣的話，就別浪費太多的時間在這上面；反之，如果你對念書得心應手或是能夠樂在其中，就別浪費這份熱情。

這就是學歷機會成本的不同，每個人的心性及環境都不同，所需付出的機會成本也可能大不相同，懂得計算投資報酬率是很重要的。

好的學習，才有機會轉化為一個人的DNA

常聽人說，有學歷不如有能力，而且不少在職場上成功的人也不一定就擁有令人稱羨的學歷。這話一點也沒錯，然而**學歷不重要，其實是當你的實力足以凌駕學歷時才適用的道理。**

比爾．蓋茲曾說：「即使我自己從大學輟學，但獲得學位仍是可靠的成功之路。」學歷是進入職場的第一張名片，也可能是第一個人脈庫，還可能是牽紅線時的一個引言，甚至有不少成功的社會人士特別喜愛用自己母校的學弟妹。

雖然離開了學校之後，在校所學不是忘光光，就是根本用不到，但一個良好的學校教育，往往是建立思考邏輯的重要過程，只要有認真吸收，就會成為你的DNA。每一個有能力創造價值的人，或多或少都跟過去所學有關。

當然，文憑愈來愈不值錢也是個不爭的事實，除非念出心得來，否則就別浪費太多的時間去追逐證照與學歷。如果拿到了文憑，腦袋瓜卻是空的，那學歷就真的只是空泛的名片，無法陪我們走太遠的路。

2-5 經歷・經歷就是資源，別浪費曾走過的路

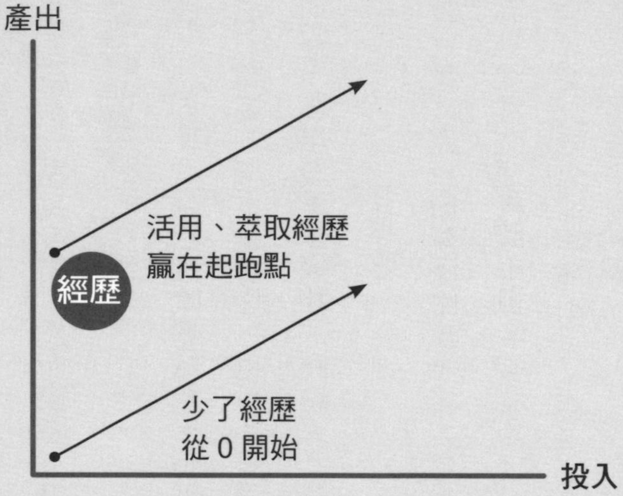

「你們記帳士整天跟稅務會計為伍，一定天生就對數字很敏銳，所以才會選擇這個行業吧！」

這是不少剛認識的朋友，對於我們這個行業的既定印象。就像人們總覺得當律師的人應該很熟悉法條又辯才無礙，當工程師的人數理能力及電腦一定很強，當運動員的人應該從小就四肢發達一樣。

像這樣的既定印象，通常還滿有參考價值的，因為隨著自己的天賦去選擇職業，本來就是一件很合理的事情。

但事實上呢，我對稅務會計根本沒什麼興趣，覺得枯燥又乏味，而且我討厭有標準答案的學科，稅法及會計不但有標準答案，甚至還要有嚴謹的試算過程。

那麼，我是對稅務會計很有學習天賦嗎？輕輕鬆鬆就能拿高分？不，雖然我修過稅法及會計學，但不是被當掉，就是老師勉為其難的讓我六十分低空飛過。從天賦來看，我可一點都不是這塊料。

既然如此，為什麼我還是選擇了這個行業？去考這一張證照？

很簡單，因為我有家人在從事這個行業。雖然只是自家經營的小事務所，但從小耳濡目染，自然而然也學了一招半式，又曾經在稅捐處服務過，沒吃過豬肉也看過豬走路，選擇這個行業對我而言，學習成本最少，進入門檻最低，碰到不會、不懂的事情，還有人可以請教討論。要知道，絕大部分跟專業相關的工作，想要白手起家、自行摸索可是相當不容易的。

那為什麼我選擇了這個行業，部落格的文章卻鮮少在談「稅務會計」？反而都在談「商管」？

因為我從念商專到研究所一直都在接觸的學問，就是管理及商科，加上在工作上接觸過不少有趣的故事，所以寫起這些東西來題材最多，也不用再去蒐集陌生的資料，只要從過去所學拿出來應用就好。如此一來，我付出的努力可以最少，但最後的成果卻可能最好。

其實，這就是一種「經歷」所產生的優勢，無關天賦，無關興趣，就只是不要浪費過去走過的路而已。

經歷就是一種資源

就算是同一個父母所生、生長在同一個家庭的兄弟姊妹，領著同樣多的零用錢、用著同樣的教育資源，長大後的成就可能也會差很多，最大的原因就在於成長「經歷」的不同。

有些孩子很積極，一直在尋找自己的方向，嘗試不同的挑戰，於是就累積了不少有用的經歷；有些孩子較消極，一直躲在自己舒適的殼裡面，或是乖乖走著大人安排好的路，也因此錯失了不少累積有用經歷的機會，最終就決定了兩人不同的樣貌。

沒有一個經歷是完全無用的，一些失敗的經歷更可能形塑出獨特的競爭力。不成功的創業、不順利的求職、淒美的戀情、破碎的友誼，面對這些失敗，有人選擇停留在負面的後悔中，也有人將這些變成自己的養分，繼續往前走，而能夠打造自己獨特競爭力的，一定是後者。

有時候，經歷不一定要完全靠親身體驗，不是每個人都有富爸爸能提供優渥的資源去環遊世界，然而，透過閱讀習慣的培養，去感受別人的故事、吸收別人的思維，也是一種閱歷的提升。

美國作家喬治．馬丁（George Martin）曾說：「閱讀的人在臨終前經歷了一千個人生，從不閱讀的人只經歷一個人生。」身處於知識經濟的時代，閱讀力及學習力也是一種最有效率的競爭力。

獨門絕技，就是一個人「經歷」的萃取

金庸武俠小說《神鵰俠侶》的男主角楊過，有著不平凡的一生經歷，從小顛沛流離，卻也因緣際會接觸了諸多門派，結識了不少武學泰斗，最後隨著時間的歷練，成為名震江湖的「神鵰大俠」。

其獨門絕學「黯然銷魂掌」就是將其一生的經歷萃取，成了集天下武學

大成的十七招掌法。

小說是這麼形容這套武學——「黯然銷魂掌」的精髓包含了古墓派的《玉女心經》、全真派的內功、東邪黃藥師的彈指神通及玉簫劍法、西毒歐陽鋒的蛤蟆功及逆轉經脈、北丐洪七公的打狗棒法、中神通王重陽遺刻上的黃裳《九陰真經》、劍魔獨孤求敗以玄鐵重劍和木劍修行的內功心法。換言之，楊過之所以有如此武學成就，正是源自其一生不凡的經歷。

當然，**只有豐富的經歷並不夠，還要懂得運用，最後再有所行動，將這一切萃取之後，轉化為屬於自己的東西，才有機會形塑出自己的獨門絕技。**

2-6 強項・改善弱點，不如強化強項

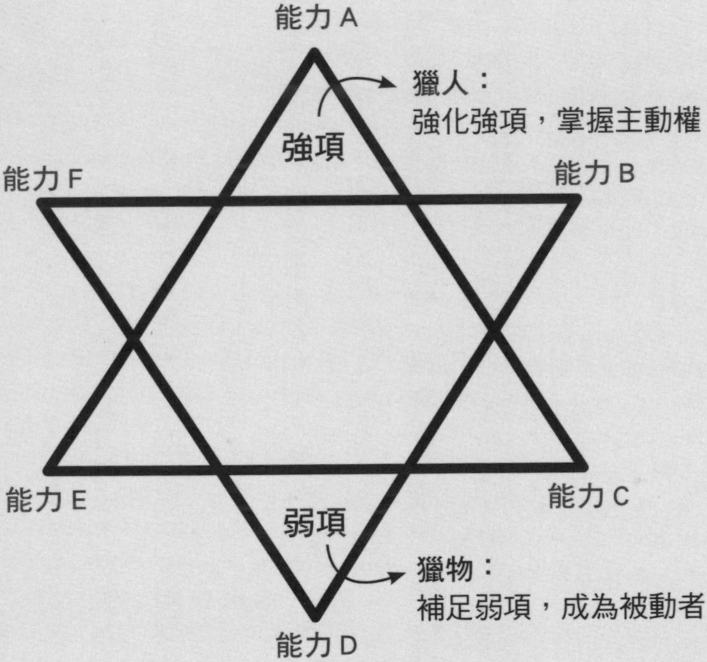

強化強項，比補足弱項更重要

在我的學生時代，高中及五專聯考滿分是七百分，科目有國文、英文、數學、自然、社會等等。在當時，如果對其中一科特別有興趣或是有天分，但其他科目卻表現平平時，為了升學分數，我們通常不會花太多時間在有天分的科目上。

因為大考比的是各科成績的加總，以投考策略來講，為了拿到更高的總分，無論是學校或補習班老師，通常會告訴我們應該從自己最弱的科目開始加強。

這是因為一個科目若想要從九十分進步到九十五分，不但難度極高，對於最後的總分幫助亦相對有限；反之，若原先只有五十分的科目，就算再怎麼不拿手，只要願意投入時間準備，想要考到七十分卻是相對簡單，對於最後總分的助益也更大。

所以為了拿到更好的總分，不能浪費時間在九十分的科目上，而要想辦法把較弱的科目補起來。

上了大學後，要順利畢業，需要的不是有幾個拿手的科目領域，或是能否在某些科目中表現卓越，而是所有的科目是否都能拿到及格分，不能被當掉，如此才能滿足畢業學分的要求。如果有科目被當掉了，你還得花大把時間去重修那些不拿手的科目，而不是把時間聚焦在自己擅長的領域裡。

可以說，學校教育告訴我們的是，與其花時間在強項，不如補強自己的弱項，這會讓你在大考及畢業時更具優勢。

然而弔詭的是，這些在學校勉強及格的學分，在離開學校後往往派不上用場。一門學識是一竅不通還是只懂皮毛，同樣都不容易形成競爭力，進入社會後，真正能夠有所作為的，反而是那些很早就開始強化及涉獵專一領域的人。

「獵人」能力的培育

日本漫畫家富樫義博的暢銷作品《獵人》，雖然是一個虛構的世界觀，然而當中對於能力培養的描述，其實相當的反映出真實世界的情況。

故事裡將人的潛能分為了強化、放射、操控、特質、變化及具體化六大類型，而一個最頂尖的「獵人」，通常不會平均修練各項特質，反而是先透過某些方式，試著找出自己的天性屬於何種特質，再依照自己的天性去選擇努力的方向。

特質絕大多數都是與生俱來的，也可能是從過去生活中的經驗及磨練累積而成，愈是朝著接近自己性格的特質前進，就愈能事半功倍，也能愈快掌握到特質的精髓。反之，如果選擇了與自己調性不符的特質，或是會分散特質的修練，就不容易強化個人的影響力。

刻意的去學習不擅長的領域，除了必須仰賴大量的努力及忍耐外，最終的結果往往不會太理想，甚至可能因為修練了不適合的能力，而從此葬送掉原本具有的潛能。

別像個「獵物」，而要當個「獵人」

與其改善弱點，不如強化強項。就一項技能或特質而言，只是略懂皮毛跟完全不懂其實並沒有什麼分別，而能夠有所作為者，通常都是能夠在某些領域發揮長才的人，這些長才通常是源自於過往的天賦、興趣、習慣或生活態度，也許是寫作習慣，也許是外文興趣，也許是程式設計等等。

一個人的時間及精神是有限的，根本沒有時間去滿足所有事。從古至今還沒有出現過一個人，能夠把所有的學科都讀到頂尖，反而那些有所作為者，都是只在自己的領域中表現卓越。

彼得．杜拉克曾說：「專注在可造就最大生產力的少數活動。」瞎忙永遠是最累的一種行為，得不到成就又勞心勞力，如果我們老是在滿足別人的遊戲規則，那麼就注定要成為瞎忙的人。其實大部分的事情，根本不值得我們過度投入、浪費有限的資源，要懂得割捨，才能找到對的方向。

想想，「獵人」跟「獵物」有什麼差別？主動與被動？追人與被追？宰人與被宰？

事實上，「獵人」與「獵物」最大的差別，在於「獵人」通常都是先了解自己所擁有的資源後，主動去掌握目標及方向，再依照這個方向去強化核心能力；而「獵物」往往是被動的被迫決定方向，最後反而葬送了自己的潛能。

老是在補強那些不擅長科日的人，就像個「獵物」，被動的滿足他人的期望；總是專注在自己擅長科日的人，更像個「獵人」，主動的掌握自己的渴望，也更容易達成自己設定的目標。

記住，要當個「獵人」，不要像個「獵物」！

2-7 破綻．消弭破綻，才能走得更遠

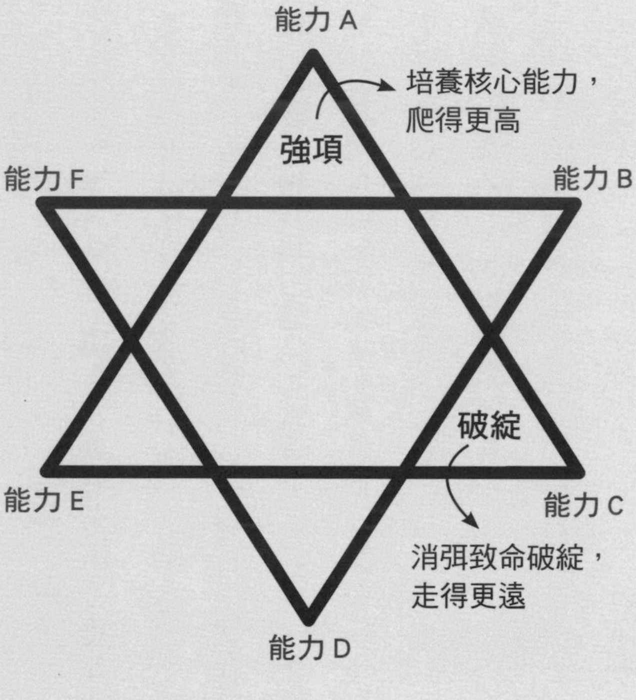

要在特定領域卓越，要避免有致命破綻

一位在企業擔任多年高階主管的朋友，忽然辭掉了待遇優渥的工作，選擇在五十多歲就退休。

這位朋友除了脾氣大了點，其他無論是學經歷、專業知識、做事能力及年收入，都是同輩中的佼佼者，多年來他擔任公司的管理職，也一向有相當不錯的績效，一直以來都是公司裡的風雲人物。

在如此不景氣的年代，他卻選擇放棄了這份薪水不錯的工作，且依他這個年紀，似乎也不太可能再開創更好的工作機會了，為什麼要辭職呢？

「道不同，不相為謀！」他氣憤的說。

原來，因為網路經濟時代來臨，公司開始調整經營方向，將資源及重要職位放在懂網路社群及程式設計的年輕主管身上，在這樣的公司氛圍下，坐領高薪又對網路經濟一知半解的他，難免被說閒話，加上不同派系的惡意挑釁，將他貼上了「肥貓」的標籤。

他向來好面子，豈能接受這種汙辱，於是一氣之下，除了霸氣回應這些挑釁者之外，更向老闆提出辭呈，一來維護自己的尊嚴，二來也希望老闆能給他面子開口挽留。

豈料，他的如意算盤並沒有實現，老闆竟然順水推舟准了他的辭呈，在騎虎難下的情況下，他就這樣離開了自己的工作崗位。

一直到現在，這位長輩朋友仍然沒找到其他稱頭的工作，好不容易經由朋友介紹，擔任了某社區管理員一職，除了薪水不能與之前相比，也因為過去總是在親朋好友面前意氣風發，導致現在反而不適應與舊友為伍，而當年的那些風光事蹟，如今似乎也已經不值得一提了。

他的遭遇，讓我想起了過去玩過的策略遊戲「三國志」中的呂布。

從「三國志」遊戲中看懂破綻

「三國志」是一套不少六、七年級生都玩過的電腦遊戲，以三國時代的歷史背景為主軸，從一九八五年推出至今已經發行了十三代。遊戲中，三國武將才能的優劣取決於設定好的各項素質，如「武力」、「智力」、「魅力」等多項能力。

在《三國演義》中被神化的諸葛亮，一向都是此系列遊戲中「智力」最高者，這讓他在遊戲中能夠呼風喚雨，更是足以一統天下的人才。

而有著「人中呂布，馬中赤兔」之稱的呂布，則向來是此系列遊戲中「武力」最高者。有趣的是，如果你想要一統天下，用呂布卻很難做到，為什麼？因為即使呂布擁有遊戲中的最高武力，然而他的智力卻低得可憐，只要對手陣營有個還不錯的軍師，最後呂布不是身陷火計，就是頻頻被挑釁而失去主控權，最終在戰場上的影響力大打折扣，再加上其偏低的魅力值，讓他不容易廣納天下賢才助陣。

而在三國的東吳陣營中，有另一位文武雙全的周瑜，可說是東吳陣營裡的第一把交椅，主導了整個赤壁之戰的戰局。然而，雖然其各項數值的表現都極為傑出，看似沒有什麼破綻，但因為周瑜在史實中早逝，因此不少的遊戲也加入了這項設定，使得遊戲中的周瑜健康經常亮紅燈，這也讓原本傑出的他常處於沒辦法發揮全力的狀態下，這也成了另一種破綻。

消弭破綻，讓你走得更遠

與其各項數值平均，不如有一項數值出眾，這會讓你更容易被看見，得以發揮所長。無論在遊戲世界還是真實世界中，能夠受到矚目的人，都是像諸葛亮、周瑜或呂布這樣在某些領域出類拔萃的人，換到了職場上，他們的特質也許是智識不凡，也許是執行力過人，又或者是談吐出眾。

然而，即使在某項領域表現得再卓越，如果在其他領域中存有致命破綻，最終還是容易失敗。這個破綻也許是易受挑釁，也許是自視過高、太愛面子，也許是常常意氣用事，也許是健康狀態不佳，又或許是容易誤事的一些壞習慣，像是有人好酒、有人好色，也有人好賭，壞習慣不用多，只要有一個就夠受的了，如此就算是擁有無雙於天下之勇的呂布，也容易逞一時之快而做出錯誤的選擇，最後自毀前程。

古語云：「千里之堤，潰於蟻穴。」想出頭，得在某些領域卓越，但更重要的是，要避免在其他方面存有致命的破綻。

培養自己的核心能力，能讓我們爬得更高；消弭自己的致命破綻，能讓我們走得更遠。

2-8 選擇，做對選擇，比勤奮更重要

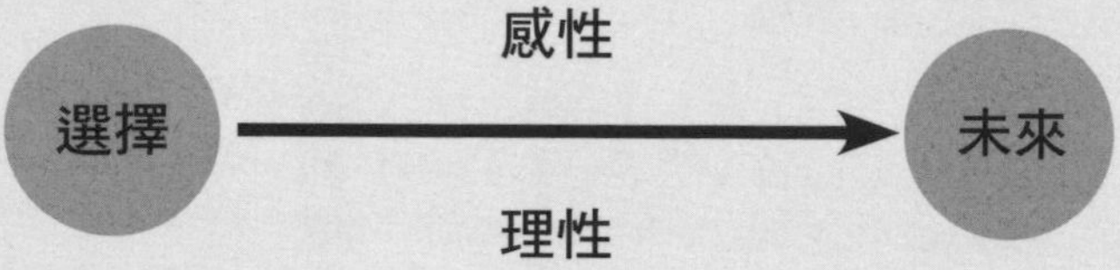

決定未來走向，需透過感性及理性的相互選擇

從小我就是個不愛讀教科書，也讀不好教科書的學生。

國中念的是放牛班，第一次高中聯考放榜時，連一間像樣的學校都考不上，於是進了「國四班」去補習重考。那一年，每天就是K書、小考、K書、小考，少一分被K一下，這樣的國四班生活，卻讓我對念書、考試更加失去興趣。

好不容易熬過這一年的重考歲月，考進了五專國貿科，卻還是一樣不愛念書，專二下學期被當掉二分之一，專三下學期又被當掉二分之一，學校的畢業學分是兩百二十學分，我就被當掉整整八十個學分，成績在班上墊底，理所當然的延畢了，五專念了整整六年還拿不到畢業證書，只拿了個肄業證書。如果學生的本分是K書，那我還真是個不折不扣的「魯蛇」。

我的表現有多糟糕？當時學校的班導師還打電話到家裡，語重心長的說：「你這小孩再這樣下去，未來會變成社會的問題。」

此時，我才開始有了危機意識。都已經二十歲了，在學校混那麼多年都畢不了業，未來我能幹什麼？

於是就在延畢那年，我第一次主動而有計畫的準備插大和二技考試。由於二技的共同考科是會計及經濟，因此有九成的學生都是準備這兩科，如果用這兩科去考，比的就是誰比較用功了。

那時我打聽補習班其他同學的K書時間，竟然是每天八小時起跳，而我往往不到兩小時就走神了。我很有自知之明，要比K書時間及用功，絕非我所長，於是我花了很多的時間及精神去研究每一所學校的考科及錄取率，並決定把重心放在鮮少人準備的管理學，直接考大三轉學考。雖然我仍不算用功，但因為投考策略的成功，最後還是考上了理想大學的企管系。

上大學後，考試變少了，取而代之的是有更多寫報告的機會。寫報告不同於考試，沒有標準答案，對於不喜歡死背的我來說輕鬆有趣多了，也因為跳脫過去被動讀書的習慣，反而讓我對知識學習開始有了興趣，又繼續報考研究所。

研究所考試時，我又故技重施，花了很多的時間及力氣在研究每一所學校、科系和考組，盤算怎麼考最有勝算。選定之後，再想辦法找到考古題，以及出題老師的著作，僅好好的準備了一個星期，考出來的分數雖然沒有很高，但我是該組的榜首。

升學的路上，如果你不是寒窗苦讀的料，那選擇遠比勤奮來得重要許多。

三分天注定，七分靠打拚？

「三分天注定，七分靠打拚，愛拚才會贏」——創作往往能反映時代背景，這幾句歌詞可說是四、五年級生的最佳寫照。

一位在八〇年代就開工廠的四年級老闆，跟我分享了幾個故事，當年工廠的年營業額隨便都有好幾千萬，而不少曾在那裡工作過的員工，只要肯拚又肯學，通常在累積了幾年的經驗後，都能在老闆的支持下另闢門戶，成為另一家公司的老闆。

像這樣的故事，在當年不管是餐飲、美髮、修車廠等各行各業都是存在的，換言之，那是一個只要肯學肯拚，每個人都有機會成為「董ㄟ」的年代。就算不選擇創業，也可以靠著用功念書，進入好公司、考上公務員，擁有不錯的薪水保障。

可問題是，這樣的價值觀不一定適用於現在的新鮮人。因為，如今根本不是努力就會成功的年代。

你寒窗苦讀十年，考上了理想大學，也不保證出社會後會有像樣的薪水。就算努力加班賣命，你的薪水也可能只會多那麼一點點，少到讓你沒有動力。並不是我們不願意努力，而是在這個時代，努力的投資報酬率太低了。

選擇，比勤奮更重要

情場，選對人就是天作之合。

職場，選對活就是如魚得水。

商場，選對路就是乘風破浪。

賭場，押對寶就是財源廣進。

有趣的是，人們也總是為了選擇在後悔。

「如果當初……我現在就……」

可惜的是，當你開始想「如果」的時候，其實就已經來不及了。幸好，大部分的時候選擇權都掌握在自己手上。

上網，要八卦追星獵奇，還是知識積累。

朋友，要結伴吃喝玩樂，還是一起成長。

金錢，要花在奢侈享受，還是投資腦袋。

一個人的選擇習慣，往往就決定了未來的走向。

比爾·蓋茲曾說：「成功就是超前的眼光、機會和行動。」其實指的就是選擇的智慧，因為**很多時候，選擇遠比勤奮更重要！**

PART 3

懶人職場學

弄對角色，少浪費力氣

向牛頓、達爾文取經，培養點線面思考、豬狗貓思維，弄懂職場中的每個角色，少說幹話，不擅自越權，從中找到利他又利己的平衡點，不必多花力氣就能當個職場收穫者。

3-1 跟牛頓學職場「慣性」、「加速度」及「反作用力」

慣性

隊友／管理
最好的管理
就是不用管理

加速度

顧客／行銷
重複加深品牌
與產品的印象

反作用力

對手／策略
知己知彼
敏銳反應

前陣子有位老闆拿了一本管理書籍來跟我分享，內容談的是當責。

這位老闆說：「我覺得這本書說得很有道理，我們公司的員工就是太被動，不能主動扛起責任。我應該從明天開始，就要求每一個人都要學會當責！」

當責是很重要沒錯，問題是，這位老闆自己是標準的大權一把抓、事必躬親的類型，員工想要有多一點自主權都沒機會，還要當什麼責？

過了一陣子，他又拿了另一本書來跟我分享，談的是人才該有的價值。老闆說：「我覺得這本書說得真好，每一個人才都應該帶來他薪水數倍的營業額才對。我們公司的員工好像沒有這個觀念，我應該從明天起，開始運用這套審核系統，要求每個員工自己去創造營業額。」

員工要有產值也沒錯，問題是，這家公司是傳統製造業，員工根本沒有可以發揮創意的地方，是要怎麼衡量產值？

其實這位老闆頗好學，也很願意去接受新知識，但一發現好的管理理論，就立馬想要用在自己的公司裡，完全不考慮適合與否。可怕的是，這些老闆一頭熱的行為，有時候反而是澆熄員工工作熱忱的毒藥。

事實上在職場裡，最容易讓員工無所適從的行為，正是朝令夕改！不少中小企業的老闆及主管，都有一些相類似的「壞習慣」。

有人習慣在對組織的管理上，仰賴自己當下的直覺及感覺來下指令，該管的時候不管，不該管的時候又管太多，自己訂的規矩自己破壞，讓組織成員無所適從。

有人習慣在對目標顧客的行銷上，追求多多益善，認為提供顧客愈多的選擇及資訊愈好，最後反而看不見商品的賣點。

有人習慣在對競爭對手的策略上，過度仰賴自己的經驗，在會議室內卯起來紙上談兵，結果根本沒有搞清楚競爭對手的虛實。

之所以如此，都是因為搞錯了合適的「運動定律」。

牛頓的運動定律──隊友管理、顧客行銷、對手策略

何謂運動定律？萬有引力的闡述者牛頓，將物理學的運動定律分為三種，分別是「慣性」、「加速度」及「反作用力」。

這些觀念也可以運用於職場上。在職場上要面對的角色可概分為「隊友」、「顧客」及「對手」，所對應的企業功能可概分為「管理」、「行銷」及「策略」。

在隊友的管理上，要講求「慣性」。

企業一定要有一套穩定且能有所依循的運轉模式（SOP）。有人說，最好的管理就是不用管理，讓組織成員都能清楚知道階段性目標，以及每一個人的定位為何，只有碰上特殊情況時，才做額外調整。即使是追求創新、創意的企業，也一定有自己的慣性文化。

在顧客的行銷上，要講求「加速度」。

做好目標市場的區隔、選擇及定位後，朝明確的同一方向前進（STP行銷策略）。行銷就像歌手在打歌一樣，在決定了主打歌之後，要不停重複唱著同樣的旋律。也就是說，在確認定位之後，就要加速度往目標市場前進。

在對手的策略上，要講求「反作用力」。

對市場及競爭對手要有敏銳的反應力，隨時掌握大環境的變動及自身的優劣勢（SWOT）。策略上最常犯的錯誤，就是誤以為策略分析是個靜態的填充題，但市場及競爭者根本就是不可控的大變數，因此，好的策略必須建立在知己知彼的動態基礎上。

找出合適的職場「運動定律」

牛頓曾說：「我能計算天體的運行，但卻無法計算人類的瘋狂。」

只要是人，就容易受到自己感覺、直覺及習慣的影響，如此腦袋就不容易聰明的運轉。但無論是管理、行銷還是策略，卻都必須憑藉人的腦袋來做決定，當人們總是依自己的喜好、感覺及直覺來判斷時，就容易搞錯合適的「運動定律」。

當然，這些運動定律的適用並非絕對，有時候在管理上也需要些「反作用力」，在行銷上也需要些「慣性」，而在與對手的策略擬定上也需要些「加速度」。不同的情境，該有不同的選擇，端看你當下的判斷。

想把事情做好，就要先弄懂合適的「運動定律」。

3-2 跟達爾文學職場「天擇」、「地擇」、「性擇」

天擇 → 行業及工作類別的選擇

地擇 → 公司及工作地點的選擇

性擇 → 同事及競爭對手的評估

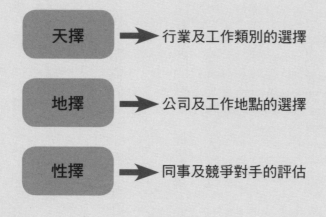

小說及漫畫出租店是不少人學生時代相當重要的回憶，在那裡，只要花一點小錢就可以看到天馬行空、充滿想像力的漫畫作品。為了省點錢，班上同學還會將租來的漫畫偷偷帶到學校，彼此之間交流分享。

那時候，學校旁小說及漫畫出租店林立，每次去光顧，店內都坐了不少追漫畫進度的人，店家不單單要有舒適的沙發，可能還要提供一些小點心及無限暢飲的飲料。

然而十幾年過去，隨著時代不同，現在小說及漫畫出租店的光景已經大不如前了。

「唉，雖然還是有些老客人捧場，但在這個網路時代，小說及漫畫出租店真的沒有生意，要歇業了。」

一位經營了十幾年租書店的老闆，雖然過去店面經營得有聲有色，但在時代的變遷下，還是決定吹熄燈號，結束租書店的生意。

其實在十多年前，光這條街就有三間租書店，每一間的生意都還不錯，但最後留下來到現在的就是老闆的這間店。因為他的店位在三角窗的位置，準備的飲料點心特別好吃，沙發又舒適，新書的進貨量也從來不會少，可說是這一帶最多人愛光顧的租書店。

在網路尚未普及的年代，租小說及漫畫是不少人的重要娛樂，然而，隨著網路資訊的唾手可得，才幾年的光陰，現在想找到懷舊的小說及漫畫出租店已經不太容易了。

關於這一點，我們曾在課本上讀過的達爾文演化論，其實就能用來解釋這種產業競爭及變遷的現象。

天擇、地擇、性擇

演化論以「天擇論」及「地擇論」為基礎，之後又加入了「性擇論」。

「天擇」旨在說明自然的演化中，該物種對於當時環境的適應力具有某些優勢或劣勢，最終決定了生存或被淘汰。

「地擇」旨在說明隨著地理環境的區隔，即使本來是相同物種，但在面對了不同的衝擊後，最終將演化成特徵完全不同的物種。

「性擇」旨在說明同一物種為了競爭食物及交配機會，會不斷的強化自己，最後同物種當中最強的那個會生存下來。

以老闆的這間店而言，因為擁有最舒適的環境、最美味的點心飲料、最多的新書提供租閱，加上合理的定價，是當時所有同業中最具競爭力的一間，足以打敗其他租書店，這就是一種「性擇」的概念。

當時雖然三間店都位在同一條街上，但唯有老闆這間位於三角窗，店面顯目，採光又明亮，因此也占了地利之便，就算是第一次租書的人也一定會先看到他這間店，這是憑藉地理位置所塑造的優勢，也就是「地擇」的概念。

正因為老闆經營有成又占了地利之便，在「性擇」及「地擇」中取得了優勢，所以也成了這條街碩果僅存的一間店。然而，就算老闆經營得再好，仍然敵不過大環境的變遷，被網路的蓬勃發展所淘汰，這就是「天擇」的概念。

適者比強者更容易生存

男怕入錯行，女怕嫁錯郎——這句話說明了選擇及評估優、劣勢的重要性。事實上，每一個人的求職或創業，也同樣需要面對相類似的評估。

行業及工作類別的選擇是一種「天擇」，選對行業有時候比努力重要。

科技會進步，產業會變遷，如果待在沒有未來性的行業裡，儘管再怎麼努力，也不可能憑藉著一人之力去扭轉大環境，唯有順勢而行，才是聰明的做法。

公司及工作地點的選擇是一種「地擇」，選對地方有時候比能力重要。

同樣的一個年輕人，把他丟進學校裡讀書，跟把他丟進市場裡賣菜，一年後的氣質及行為一定完全不同，不一定是誰好誰壞，但讀書的會多一些文青味，賣菜的會多一些幹練感。

同事及競爭對手的評估是一種「性擇」，選對對手有時候比運氣重要。

一個孩子的運動細胞不錯，運動會時都是班上的代表選手之一，所以他就應該成為運動員嗎？不，除非他的運動能力足以達到職業等級，不然在換了一批對手之後，他面臨的可能只剩下挫折及失敗。

達爾文曾說：「最終能生存下來的物種，不是最強的，也不是最聰明的，而是最能適應改變的物種。」恐龍與蟑螂曾經在遠古時代並存，恐龍很強大，蟑螂卻很弱小，但隨著演化生存下來的，卻不是強大的恐龍，而是有著打不死之稱的蟑螂。

想要在職場上站穩腳步，就要先明白「適者比強者更容易生存」的道理。

3-3 「點、線、面」思考，決定你的價值

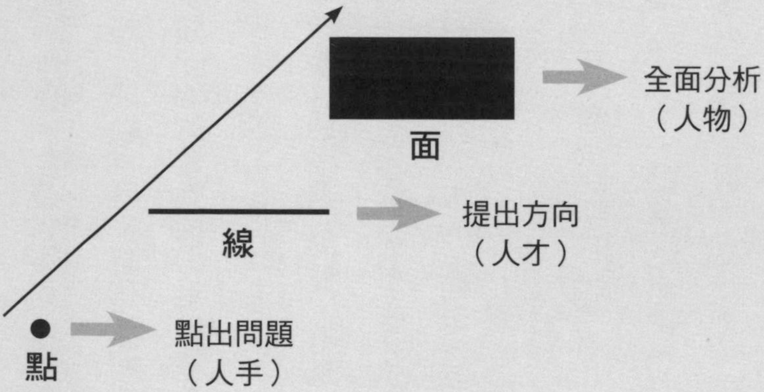

點、線、面思考架構

想想小時候在學校裡，對學生來說，什麼樣的老師教學效果較佳、互動較好，讓學生在課堂上會想舉手發問，下課時還會想湊上前去請教問題？

有一種老師在授課時，只懂得把課本的標準答案直接丟給學生，要學生背起來，因為他們認為標準答案就是標準答案，哪有什麼好討論的。然而，對於學生而言，如果要的是這些標準答案，翻課本就有了，又何必特地去請教老師呢？因此抱持著這種授課心態的老師，通常不容易成為學生心目中想要主動去請教問題的老師。

另一種老師在授課時，能夠依據問題的不同，試著去引導學生找到解題的邏輯。他會告訴學生，為什麼答案是這樣、為什麼要這樣解題，下次再遇到類似的問題可以如何去解。相對於第一種類型的老師，這已經算是一個相當稱職的好老師了，也是學生比較願意去請教的老師類型。

而在職場上也有著相類似的情況，想要在工作上有所作為，腦袋活往往比體力活更重要。換句話說，學會獨立思考的習慣，而不是被動接受死板的資訊，是一件相當重要的事情。

什麼叫做獨立思考的能力？其實有的時候就取決於，我們面對一個問題時如何去回答。

有些人總是能夠吸引他人願意主動向他們請教問題，反之，有些人的回答不是言不及義、抓不住重點，不然就是沒有任何自己的觀點。其實，一個人是不是個人才，有時候從回答問題的習慣就可略知一二。

從回答問題的習慣，看出你是不是個人才

有一家年輕企業由製造業轉型，推出自己的品牌，也因為其優良的製造品質，漸漸打出好口碑，開始受邀進駐知名的百貨公司設櫃。由於公司是第一次踏入百貨業，入駐櫃位的時間並不長，因此很積極的收集櫃位同仁在銷售時，面對客人所遇見的問題及回饋，希望能作為公司未來櫃位發展的參考方向。

有趣的是，從櫃位同仁回饋訊息的方式，其實就能大致決定這個人回饋價值的高低，也可概略看出這是個打工的人手、有價值的人才，還是個有觀點的人物。

第一種人可能會這麼說：「這產品賣不動，客人似乎不喜歡。」

他們可以點出問題，將看見的問題回報給公司，但對於問題出在哪兒，以及有什麼地方能夠修正，卻提不出個方向來。因為他們認為公司的進步跟自己沒有太大的關係，而有這種思考習慣的人，通常只會被視為組織中的人手。

第二種人可能會說：「這產品賣不動，因為設計感不夠，建議提升一下流行元素。」

他們可以看見問題所在，並針對問題，依據自己所擁有的訊息提出建議方向，作為組織未來調整的參考意見。有這種思考習慣的人，通常具有一定的價值，可被視為組織中的人才。

第三種人可能會說：「這產品賣不動，因為本區櫃位的客人重設計，建議可提升設計感。另外就現有產品而言，可跟樓管爭取將櫃位轉到B1，B1的客群更適合現有的產品線。或者，也可以就現有位置搭配樓層做促銷活動。」

他們能夠收集不少資訊，做一個比較全面性的優劣勢分析，並提供數個建議選項。有這種思考習慣的人，很有機會成為組織中的一個人物，也很適合自己創業當老闆。

活用「點、線、面」的思考架構

一個人說話的價值，往往取決於思考架構的完整度。只能點出問題者，就比不上能夠給出方向者，而提出方向者，又比不上能夠全面分析問題、提出通盤建議選項者。

這就像是幾何學中的「點、線、面」概念，點構成線，線構成面，同樣的問題，有人只看到一個點，有人能看見一條線，有人則能分析整個面。能把問題看得愈透徹的人，所提出的架構就愈趨完整，也決定了一個人說話有沒有影響力，是不是具有價值。

「人手」通常只會點出問題——「產品賣不太出去」，這是「點」的概念。

「人才」通常能夠提出方向——「建議提升設計感」，這是「線」的概念。

「人物」通常能夠全面分析——「櫃位優劣勢不同」，這是「面」的概念。

是「人手」、「人才」還是「人物」？其實往往就取決於「點、線、面」的思考架構，究竟能為組織帶來多大的價值而定。

3-4 善用「豬、狗、貓」人才，事半而功倍

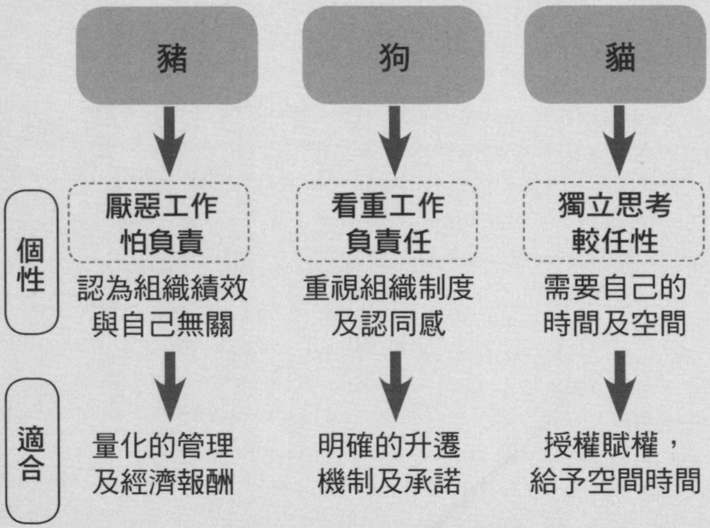

俗話說：「豬來窮，狗來富，貓來起大厝。」用來比喻一個家如果有狗自己上門的話，就能為這個家庭帶來富裕；如果來的是貓，這個家能得到足以興建大宅的財富；如果來的是豬，這個家則可能走向貧窮。

豬、狗、貓都具有鮮明的特質及個性，豬好吃懶做可被圈養，狗忠心盡責可被牽養，貓獨立機警不可受限。事實上，多數組織中的人力資源，也具有相類似的特徵及分類。

豬是人手、狗是人才、貓是人物

「豬」好吃而懶做，這類型的人通常是組織中的「人手」，他們厭惡工作、怕負責任，盡可能逃避麻煩的任務。他們追求錢多事少離家近，希望能夠在最少的投入下獲得較高的報酬，只要能夠偷懶就不會勤奮，只要有錢更多、事更少的工作機會出現，就會毫不猶豫的選擇跳槽。他們通常不太關心組織的績效及未來，認為這跟自己沒有關係。

「工作是不得已的，我工作只是為了有錢可以花。」

「麻煩的工作，最好不要找上我。」

「工作最好能夠錢多事少離家近，內容有沒有挑戰性不重要。」

「我只是一個員工，所以公司的績效如何，跟我其實沒有什麼關係。」

在管理上，這類型的人並不會主動貢獻，所以採用經濟報酬的方式來激勵較有用，因此也就需要在一定的制度下派人管理。此外，也由於其計較報酬的特質，較適合用明確的計時計酬方式僱用，讓他們的實質貢獻能夠被量化，避免產生人力資源的浪費。

「狗」忠心而盡責，通常可被視為組織中的「人才」，他們看重自己的工作並尊重組織制度，嚴守本分且對組織具有較高之向心力，對所屬任務亦較具責任感。他們並不討厭工作，如果能夠提供適合的環境及機會，他們是可以發揮所長的。這些人通常有著穩定性高、流動率低的特質，盡忠工作職守，並追求組織認同。

「工作是有意義的，但要有合理的薪水及福利。」

「麻煩的工作，只要是合理的，我就願意幫忙。」

「工作最好要能夠發揮自己所長，組織制度最好要能清楚分明。」

「我是公司的一分子，公司的興衰跟我息息相關。」

安全感及信任感是他們所重視的元素，只要組織能夠真心相待、提供合理的薪水福利，並給予明確的升遷機制及承諾，將工作塑造得更有意義及挑戰性，讓制度公開透明、有願景，擁有此項特質的人會願意為組織付出，成為組織中最重要的人才及骨幹。

「貓」獨立且機警，可被視為組織中的「人物」，他們通常具有獨立思考力，需要自己的空間及時間，需要自己的目標及成就，慣於跳脫工作框架、渴望自我實現。有人說貓不會忘記給自己食物，以及幫自己清貓砂的人的恩惠，如果懂得愛貓，他們往往能夠帶來相當優異的績效回報。反之，貓咪也很會記仇，一旦得罪他們將後患無窮。

「工作是一種自我實現，薪水及待遇只是基本的。」

「麻煩的工作，如果沒有意義或挑戰性，最好不要找我。」

「工作最好能夠有發揮創意的地方，組織最好多一些彈性。」

「每一個人都是獨立的，但只要公司有舞台，我願意在這裡發揮。」

貓型員工適合授權、賦權，給予空間和時間，只要有獨立發揮的舞台，他們往往可以為組織帶來意想不到的創造力，具有成為組織頭臉人物的潛質，但如果使用不當，就會變成組織的頭痛人物。

豬來窮，狗來富，貓來起大厝

「豬來窮，狗來富，貓來起大厝。」同樣的道理套用在組織當中，如果組織中布滿了「豬型人手」，組織所有的精力都將用來盯梢，最終走向貧窮。

如果組織中多數是「狗型人才」，那麼組織只要健全制度，就可穩定成長的走向富裕。如果組織中多數是「貓型人物」，那麼只要有表現的舞台，這個組織將充滿創造力。

事實上，每個人都同時具有這三種動物本能，只是在比例上有所不同罷了。豬並不一定永遠都是豬，狗如果在一個制度不健全的公司就可能當不成狗，而如果是一個坐領高薪又無實質貢獻的肥貓，那簡直是豬狗不如，可能拖垮整個組織的成長。

身為一個求職者，一定要讓自己像個「阿貓阿狗」，那會讓你更加搶手且充滿魅力。而身為一個經理人，除了要避免採用過多的豬型人手外，更應該健全組織制度並創造舞台，讓狗型人才為你打根基、貓型人物為你打天下。

3-5 要當個旁觀者、找碴者，還是收穫者？

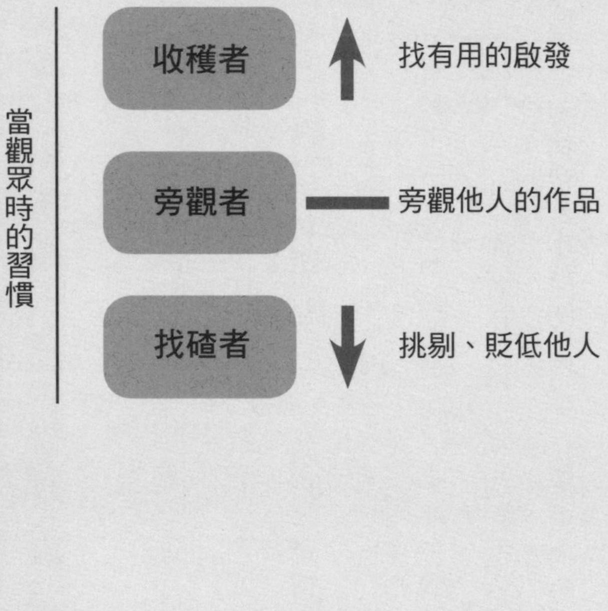

在一場晚會活動中，主辦單位邀請了幾位魔術師來進行表演，希望能夠炒熱氣氛。這場魔術秀內容頗為多元，從撲克牌、近距離魔術，到台上的大型道具魔術，都成功而完整的呈現，並順利帶動了全場觀眾的參與氣氛。

雖然魔術師並非電視上的名人，但從魔術設計的巧思創意、節奏氣氛的掌握，到現場互動的臨場反應，都表現得相當到位，也成功博得了滿堂彩。從一場表演的角度來看，算是相當不錯的演出。

有趣的是，即使表演完的當下掌聲如雷，在台下仍能聽到各式各樣的不同聲音。

「剛剛的魔術表演很不錯，但有幾套魔術之前我有在電視上看過。」

「我跟你們講啦，這魔術都是假的，網路上早就有人破解了，根本沒什麼。」

「這魔術師的表演很不錯，等等我想去換個名片，說不定可以跟我們公司有合作的機會。」

「剛剛撲克牌魔術的創意真棒，帶給我一些啟發，可以運用在我的文案上。」

「簡直是廢表演，如果有那些道具，我也可以變魔術。」

「魔術師的台風很不錯耶，如果是我來，要如何呈現呢？」

「那個魔術師長得真醜，想要在舞台上表演，還是要長得好看點。」

這是不少人看完他人的表演後可能出現的評語及心得。同樣的一場魔術表演，有人看見的是優點，有人急著找缺點來貶低，有人默默的欣賞這場秀，有人懂得從中找到有用的創意啟發，有人想到未來合作的可能性，有人急著想賣弄自己的見識來找碴。

魔術並不是魔法，享受的是當下的驚奇及感動，欣賞的是魔術師的創意及舞台魅力。而看完同樣的一場表演，觀眾口中所吐露出的意見迥異，卻也形塑出每一個觀眾看待事情時的不同態度。

你是收穫者、旁觀者，還是找碴者？

其實，從一個人當觀眾時的態度，就可以大概得知他是什麼樣的人，值不值得去合作。簡單來說，可以將之區分為收穫者、旁觀者及找碴者。

一　收穫者

這類型的人願意去欣賞他人的優點，並從中找到對自己有用的啟發，以及思考未來合作的可能性。當然，也有他們認為不夠好的東西，即便如此，他們通常也不會浪費太多的時間去批評，而是將時間用在思考下一個具啟發性的事物上。所有能創造價值的人，幾乎都具有這樣的特質。

二　旁觀者

這類型的人會禮貌的欣賞他人的作品，偶爾也會適當的討論，但通常比較不會主動尋找有用的資訊，也不太會過度批評，多抱持著看戲及旁觀者的態度。較可惜的是，如果大部分的時間都只以旁觀者自居，將會錯過不少機遇，不容易有開創新局的機會。

三　找碴者

這類型的人通常只會看見他人的缺點，用力去挑剔、貶低他人，喜歡用廢、差、遜等負面字眼來評價別人，即使自己根本沒交出什麼成績，但只要一有機會就會賣弄一下見識。因為出一張嘴批評、嫌棄，是最不需要實力及努力的行為，因此這類人通常缺乏實際建樹，只能在台下酸言酸語的找碴。

選擇激盪想法，還是酸言酸語？

霍華．舒茲（Howard Schultz）原先只是一位銷售員，某天公司訂單上一個特別的數字吸引了他的注意──一間位於西雅圖的咖啡廳，一次性的訂購了大量的咖啡壺，數量甚至比大型百貨更多。霍華．舒茲被挑起了好奇心，特別千里迢迢的來到西雅圖朝聖。

當他第一次踏入這間位於西雅圖的咖啡廳時，立刻被裡面的裝潢、氣氛、味道給吸引，而其他的客人看起來也完全沉浸在這間店所營造的舒適氛圍裡。

霍華・舒茲沒有花任何的時間及精神去眼紅別人的成功，反而立刻辭掉原本的高薪工作，來到這間咖啡廳工作取經。他努力的在這間咖啡廳學習，接受老闆不少的指導，最後更籌措百萬美元跟老闆買下了這間咖啡廳——這間咖啡廳就是如今的星巴克。

想要有所作為，必須先懂得從他人的作品裡找到自己可學習、可利用的部分。一個人如果只懂得從他人的作品裡找碴、找缺點、找可以酸言酸語的地方，那永遠都不可能進步，而有這種習慣的人，也是最不能合作的對象。

前美國第一夫人愛蓮娜・羅斯福（Eleanor Roosevelt）曾說：「心胸遠大者激盪想法，資質平庸者討論事情，心胸狹窄者道人是非。」一個人的格局有多大，有時候，從他當觀眾時的表現就可見一般。

收穫者看門道，旁觀者看戲，找碴者看衰——你是哪一種呢？

3-6 「幹話」人人會講，結果大不相同

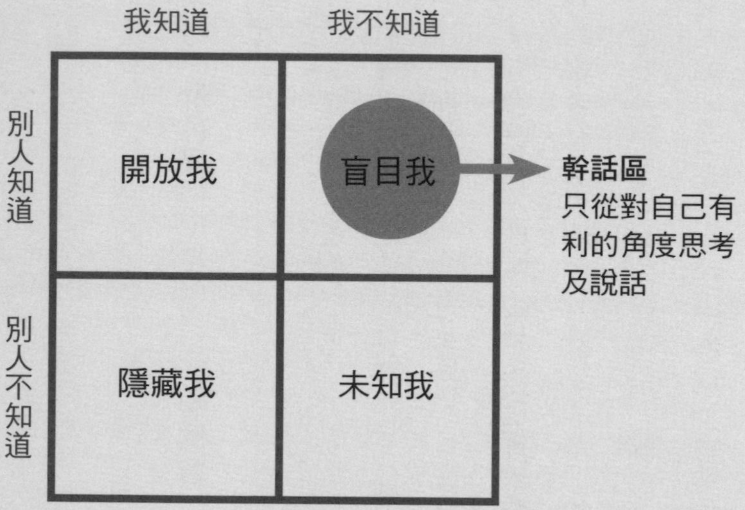

參考資料：周哈里窗（Johari Window）

人為什麼會講「幹話」？什麼又是「幹話」？

之前聽過一則笑話，大致的內容如下——

資方說：「經濟不景氣，但公司愛惜員工不想裁員，所以大家共體時艱，一起降薪，幹不幹？」

勞方憤怒的拍桌說：「幹！」

為什麼幹？因為資方講的這個就叫「幹話」。

從資方的角度來看，為了公司長期的營利，勢必得開源節流做些改變，但又愛惜老員工，捨不得剝奪他們的工作權，因此降薪可說是一個兩全其美、愛公司又愛員工的好表現，不是嗎？

是這樣嗎？從勞方的角度來看，這個邏輯正確嗎？事實上，就是用這種本位思考的模式，說出來的語言才最容易變成「幹話」。

什麼是「幹話」？直白來說，就是說話的人只從對自己有利的角度思考，對於自己說出口的話感覺良好，但聽話的那個人卻只覺得很幹。

講「幹話」不分身分

不少上位者明明能力不差，閱歷也多，為什麼還老是講「幹話」？其中最為人所熟知的就是古代晉惠帝的故事，他在天下鬧饑荒，老百姓無食物可吃時反問：「何不食肉糜？」完全不知人間疾苦，無疑是歷史課本上的「幹話王」。

事實上，當一個人所處的位置愈高，能夠聽到的真心話反而愈少，幾乎得不到太多沒有經過修飾的資訊，而最後留在身邊的，都是那些很懂得幫忙打氣取暖、過濾資訊的朋友。久而久之，價值觀也就愈來愈狹隘，說出口的話也就愈來愈像「幹話」了。

然而，只有上位者會講「幹話」嗎？那可不一定。

曾見過一位年輕朋友，家境一般，但工作卻總是有一搭沒一搭、愛做不做的，領的也就是打工的薪水，從來就不是家人眼中的人才。但因為是獨子還算受寵，有一次家裡的一份投資型保單到期，拿回了一筆錢，父母就把錢交給他，希望他能有些積蓄並開始學著理財。結果，他拿到這筆錢的第一個動作是立刻貸款買了一輛拉風的二手車，還放上臉書好好炫耀一番。這樣的行為讓父母無奈，親戚說閒話，連他的臉書好友都酸爆他了。

面對他人的批評，他是怎麼想的？

他在自己的臉書用大大的字很帥氣地寫了一段話：「很多人都只會酸別人擁有的，卻看不見別人成功背後的努力。」

眾人看了都是滿滿的問號臉。買這輛車他到底努力了什麼？看車？辦手續？還是跟父母撒嬌？原來，他認為自己很成功？原來，講「幹話」不分年紀、不分身分，只要有心，人人都能講「幹話」。

人為什麼會講「幹話」？

美國心理學家魯夫特（Joseph Luft）及英南姆（Harrington Ingham）曾提出周哈里窗（Johari Window）的思維理論。你可以想像自己是一扇窗，再將窗戶分成四個窗格，分別為——

「開放我」：我知道、別人知道的部分，例如自己表現在外的行為、態度等等。

「盲目我」：我不知道、別人知道的部分，例如人的盲點及自以為是的部分等等。

「隱藏我」：我知道、別人不知道的部分，例如自己不為人知的祕密或過去等等。

「未知我」：我不知道、別人不知道的部分，例如個人未曾發現的潛能、潛意識等等。

每一個人都有這四個窗格，只是組成結構不盡相同，而當一個人老是活在「盲目我」的窗格中大放厥詞，說一些只存在於自己世界的價值觀時，就容易變成「幹話王」。

無論在家庭、學校或職場裡，只要是群體的一部分，都一定需要與人互動，此時良好的溝通就很重要，能掌握正確的資訊，才不會成為他人眼中的「幹話王」。正所謂要知己知彼，才能戰無不勝，因此，減少盲點誤區，是每個人都必須面對的課題。

那麼，如果遇到了「幹話王」，應該要試著跟他們溝通，讓他們了解自己的盲點嗎？可怕的是，當一個人開始說「幹話」時，通常也代表他們在「盲目我」的某些認知已經病入膏肓，想搶救並不容易，所以最好別太樂觀的以為說「幹話」的人有那麼容易醫治，只要學會彼此尊重，保持距離便足矣。

美國廣告大師李奧·貝納（Leo Burnett）曾說：「自以為是，會讓我們在前進時栽跟頭。」這句話一點也沒錯，有多少人因為講「幹話」而付出代價？講「幹話」看起來似乎無傷大雅，但卻會讓你在不知不覺中得罪不少人，還會被貼上活在自己世界的標籤。

你有信心自己絕對不會講「幹話」嗎？千萬小心，其實講「幹話」遠比我們想像中的容易，只是我們還不夠壯大，別人懶得理你罷了。

3-7 把握「權力」範圍，才能避免「越權」

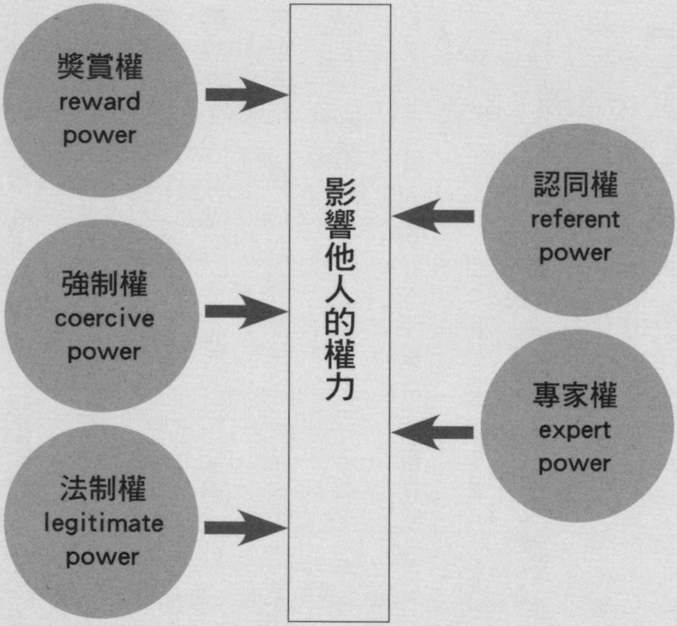

參考資料：富蘭琪和雷文（French & Raven）

公司中有位較資深的女同事，對於「指導」大家如何做事樂此不疲，從文件的建檔方式、茶水間的擺設位置，到聚餐時的點餐內容，都是她「染指」的目標。

一天她與幾位同事相約來到了一間熱炒店用餐。

「來，看一下想吃什麼。」她拿起了菜單引導著大家點餐。

一位同事說：「點一盤空心菜吧。」

「空心菜現在『不對時』，不要點，改點高麗菜好了。」她說。

另一位同事提議：「不然點個蝦仁煎蛋如何？」

「蛋太便宜，不划算，點別的吧。」她說。

又一位同事說：「來個五更腸旺吧，比較下飯。」

「五更腸旺太辣，不然點炸肥腸。」她說。

大家發現，不論別人想吃什麼，她一定會藉著否定別人來發表自己的高見，並主導著大家的點餐，這讓本來熱絡輕鬆的氣氛一下子變得低迷沉默，折騰了好一段時間後，好不容易才將菜色點齊。

點好菜後，她立刻開口要男同事們服務：「這裡的飯要自己盛，你們幾個幫大家服務一下吧，順便拿碗筷過來。」幾位被指使的同事雖已面露不悅之色，但畢竟和氣生財，還是摸摸鼻子起身幫大家服務。

就在幾道菜陸續送上來後，這位女同事自己調了些醬料，逕自往主菜上倒了下去說：「這菜要這樣調味才好吃，來，大家吃吃看。」

一位男同事實在受不了她這種凡事都要作主的習慣，厲聲阻止了她的行為，「每個人口味不同，妳顧好自己的調味就好！」

主導權被擋，她的臉色立刻垮了下來，整場飯局的氣氛也因此僵掉。

隱約可聽見其他同事的耳語：「她究竟有什麼權力，什麼都要幫別人作主啊？」

別剝奪他人的「權力」

一般而言，「權力」指的是一種改變他人行為，抑或阻止他人影響自己行為的能力。富蘭琪和雷文（French & Raven）兩位學者將權力的來源分為五種，分別是職位賦予的「法制權」（legitimate power）及「強制權」（coercive power）、掌握資源分配的「獎賞權」（reward power）、擁有專業或知識的「專家權」（expert power），以及己身魅力足以感染他人的「認同權」（referent power）。

吃尾牙如果是老闆買單，餐廳及餐點選擇的權力通常是在老闆手上，除了老闆是出錢的人外，還因為老闆通常擁有對員工的「法制權」、「強制權」及「獎賞權」。而謝師宴就算是學生買單，在餐廳及餐點的選擇上也一定會以老師的喜好為主，這是因為老師之於學生擁有「認同權」。此外，如果有機會跟美食家一同用餐，大家自然而然都會想聽聽美食家的推薦，這就是一種「專家權」。

至於一般的朋友或同事聚餐，根本沒有誰擁有特別的權力，如果硬要主導或命令他人時就容易惹人嫌，因為根本沒有人喜歡被他人指使。

老闆因為付員工薪水，所以有了權力。

主管因為組織的職位，所以有了權力。

民代因為選民的投票，所以有了權力。

老師因為學生的尊敬，所以有了權力。

專家因為他人的認同，所以有了權力。

可以說，權力幾乎都是源自於他人的賦予、尊敬及認同，而在「一定的範圍內」擁有。換句話說，如果缺乏他人的共識，權力根本就不存在。

然而，卻有一種人就像前述的女同事一樣，明明未獲得他人權力的賦予，卻總是希望別人按照自己的意見及方針做事，並藉由「越權」發號施令的過程中，得到一種擁有權力的快感及幻覺，剝奪並偷走他人不受影響的權力。

別失去自己的「權力」

面對這種喜歡偷竊他人權力的人，如果選擇默默忍受的話，通常只會被得寸進尺、鯨吞蠶食。

一般而言，這種人的行為並不一定具有什麼特定的針對性，而更像是一種處事習慣。因此他們從來不認為自己是在侵犯他人的權力，而認為是在「教導」及「引導」他人，如果一味求全，只會讓他們更加合理化這些行為。

另一方面，面對他們這樣的行為，如果表現出的是憤怒及衝突，反而會讓他們覺得你是在針對他，是在「侵犯」他的權力，這就猶如火上加油，只會讓彼此的關係更加緊張。最好的態度是保持自己的冷靜及自信，並劃出自己的底線，清楚的讓對方知道。如果真的無法溝通，就避之則吉吧，不要浪費了自己的情緒成本。

每個人都擁有不被他人擺布的權力，然而，要改變他人並不容易，不如先好好調整自己的心態，唯有保持自己的節奏，才能更坦然的去面對這些權力侵犯者。

3-8 「利他」或是「利己」，找到最有利的平衡點

「自利動機」

市場會有一隻看不見的手，驅使著每個人進行對自己最有利的選擇。

「利他動機」

人會有一顆看不見的良心，願意為他人帶來利益，並從中獲得快樂及滿足。

「利他」有可能最後回饋為「利己」

王老闆是中小企業的負責人，主要經營的營業項目為電子機具外銷，在十多年前景氣最好的時候，每年的營業額有五、六千萬，然而，隨著產業沒落及網路經濟時代的來臨，公司的訂單受到很大的影響，去年財報的營業額僅剩下五百多萬。

可最令人不解的是，雖然營業額僅剩下過去的百分之十，人事費用卻沒有隨著營業額的比例而有顯著下降。如果現在的訂單量已經不需那麼多人力，王老闆為什麼不裁員呢？

所謂的經濟性裁員，是指為了改善生產及經營狀況所進行的裁員，一來降低企業的人事成本，二來可提升勞動的生產效率，主要目的是為了保護企業長期的獲利及生存能力。

傑克·威爾許（Jack Welch）在一九八一年出任了奇異公司（General Electric）的執行長，將公司原本的四十一萬員工精簡到二十三萬人，砍掉了近十八萬個工作機會，公司的年營業額卻反而從兩百五十億美元成長到一千四百億美元。而威爾許的管理哲學及故事，則成為每個經理人必讀的管理學經典。

傑克．威爾許說：「你要相信擁有最好的人手才會贏，讓墊底的一〇%了解自己的位置另謀高就。有人說這很殘酷，事實上你讓他們耗下去，到他們更難找到新工作時再開除，才叫殘酷。」

自利或是利他？

經濟學家亞當．斯密（Adam Smith）也告訴我們，「自利動機」會驅使每一個人去進行最有利的資源配置。追求利益是天經地義的，在「自利動機」的思維下，我們不能想要仰賴他人的善行來得到溫飽，要想享受一頓美味的晚餐，得先付得起報酬給廚師及餐廳。經濟的驅動力並不是利他，而是利己主義。

既然經營事業就是要降低成本及創造營業額，如果已經不需要那麼多人手，為什麼不裁員？

原來，人除了有「自利動機」外，亞當・斯密在他的另一本著作《道德情感論》（The Theory of Moral Sentiments）中還告訴我們，人其實也是有「利他動機」的。

在「自利動機」的驅使下，市場會有一隻看不見的手，驅使著每個人進行對自己最有利的選擇。而在「利他動機」的驅使下，人會有一顆看不見的良心，會去在乎社會的道德價值觀、會去顧慮他人的需求，而如果能夠為他人帶來利益，將從中獲得許多的快樂及滿足。

威爾許的奇異公司是世界頂尖的企業，所僱用的往往是人力市場中的佼佼者，就算被資遣了，多數離職者不難找到更合適的舞台。而王老闆經營的是傳統產業的中小企業，多數老員工從景氣最好的時候一路跟著公司走到現在，他們的年齡及所會技能，讓他們並不是那麼容易去轉換跑道，失去了這份工作，可能將影響到生計。

對王老闆而言，自己的老本其實早就賺夠了，如今這間看起來不太賺錢的公司，獲利早就不是唯一的目標，公司另一個重要的任務，是在不賠錢的前提下創造工作機會，讓老員工能夠有所歸屬，這份使命感帶給王老闆的快樂，或許遠比財務報表上的數字來得更加重要。

利他＝利己？

其實「利他」不一定損己，有時候也可能是「利己」的。

有一位年輕的獸醫朋友，由於剛執業不久，並沒有太多的老顧客，加上現在流行養寵物，獸醫診所滿街林立，因此也不太容易爭取到新客人上門。

不過，他卻有一個很特別的經營思維——由於他熱愛動物，也特別關心流浪動物的議題，因此他願意為所有的流浪貓狗進行免費的結紮及治療，也願意為領養流浪貓狗的主人提供最優惠的治療費用，更與收容所合作，提供自己診所的櫥窗，作為只領養不販售的展示櫥窗，希望能為流浪動物盡一份棉薄之力。

這樣的經營理念，雖然沒有為他帶來太多飼養高價寵物的顧客，但在口耳相傳下，卻成為當地最多人願意光顧的平價獸醫診所，也吸引了不少有著共同價值觀的朋友，還有不少的老顧客及部落客願意自發性的為他做免費的宣傳。

其實，這就是一種以「利他」為出發點所創造出的「利己」價值。很多時候，「利他」不一定吃虧，「利己」也不一定賺更多。

「自利動機」或是「利他動機」都是人性，並沒有對錯的問題，端看你如何做出選擇，從中找出對自己和對別人最有利的平衡。

PART 4

懶人幸福學

情緒是成本，既貴又不值

情緒是最貴的隱藏成本，衝突、批評、抱怨、說教、說謊、拒絕，都有不同的學問，想要快樂，就要先學會掌控幸福情緒。

4-1 懂得計算「情緒成本」，才不會勞心又勞力

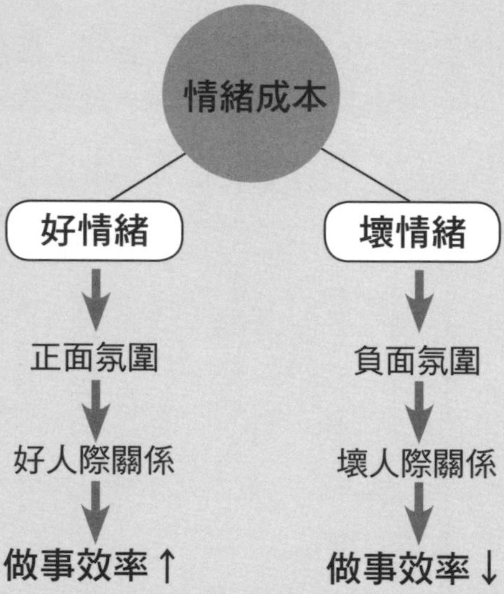

有個脾氣不好的男人，工作上沒什麼大成就，某天，他又因為工作表現不好，被上司狠狠的刮了一頓，心情壞極了，看什麼都不順眼，回到家之後，看見老婆慵懶的躺在沙發上看電視，一口氣沒地方出……

「老子賺錢辛苦養家，妳小孩功課也沒顧，飯煮得又難吃，是不是過太爽了？」

老婆百般委屈，覺得嫁了個沒用的軟爛男就算了，還沒來由的被當成出氣筒，心情自然糟到極點，忽然，她看見小孩在一旁又跑又叫的吵鬧著，一口氣沒地方出……

「整天只知道玩，功課做了沒？如果不好好念書，將來你肯定沒出息。」

莫名其妙被老媽念了一頓，孩子心情哪好得起來，就算被逼著坐在書桌前寫功課，學習成效也不高，對於書本的興趣也會愈來愈低落。正當孩子走向自己的書桌時，看見家裡的貓咪像個大爺般，慵懶的窩在自己的椅子上，一口氣正好沒地方出，於是就一腳把貓咪踢了下來……

「去去去，你這翹鬍子又不用寫功課，別占著我的位子啦。」

其實，這就是一種典型的「踢貓效應」。人的負面情緒，如果不能適時的做出調適及止血的動作，就會像傳染病一樣一直傳下去，成為負面的關係鏈結，最後，整個群體都處於一種相對的負面氛圍中，沒有人能開心的把事情做好。

通常，處於這樣的家庭關係當中，每個成員都很容易將壞情緒丟給他人，養成一種負面看世界的習慣。

在多數的情況下，以負面的情緒來與人相處，通常無法傳達什麼重要的訊息，頂多只是在紓解不滿的情緒罷了，這種行為根本就是將快樂建築在他人的痛苦上，害人又害己。可怕的是，這種習慣還會上癮，讓你成為一個見人厭的討厭鬼。

情緒是最昂貴的隱藏成本

企業的財務報表可以呈現一間公司的各項成本費用，但有一種隱藏的成本是財務報表不會告訴我們，卻又具有重大影響性的，這個隱藏的成本就是情緒。

在商業報價的過程中，如果來的是一個讓人勞心又傷神的討厭顧客，老闆報的價格通常會特別高，高到這位討人厭的顧客不要來最好；反之，如果是一位讓人順心又舒服的顧客，就算少賺一些、利潤少抓一點，對方仍會被視為好顧客。其實，有時候報價的高低不單單取決於利潤的多寡，而是這筆生意的情緒成本高低，情緒成本看似不易量化，卻確實影響著人的決策及行為。

情緒是一種成本，無論是與人衝突、互相批評、聽人抱怨或是說教，其實都是一種機會成本的付出，可能影響到工作的精神及好心情，不僅當下會讓自己的情緒緊繃，更可能使人長時間處於負面的情緒，同時犧牲了工作的效率。因此，要當一個聰明懶人，最該斤斤計較的就是情緒成本。

以能力相仿的兩個人為例，兩人工作內容相似，效率也相同，唯一的差別，是一個人個性沉穩、待人和善，另一個人卻老是一言不合就跟人起衝突。這樣的兩個人你會願意跟誰合作？一樣是完成一項工作，用同樣的時間及體力，開開心心的完成工作，跟一肚子火的完成，是截然不同的兩回事。

老是跟情緒負面的人相處，或是把自己關在一個痛苦的氛圍裡，勢必得付出不少的情緒成本。

然而，有時候情緒成本也不一定是來自他人，你自己的選擇也會影響到情緒成本。有些人開車時就是心情愉快，去當司機很合適，但有些人一開車就容易緊張疲倦，別說是司機工作，就連自己開車出遊都是壓力。此外，有人喜歡創意工作，有人喜歡行政工作，有人喜歡體力的工作，當然，工作鮮少是輕鬆愉快的，但還是有痛苦指數的差別，千萬別選一個讓自己痛苦指數爆表的工作。

千萬別忽略情緒成本

人天生都具有惰性，不想去面對煩心又勞力的事情，一旦在沒有意義的衝突、批評、抱怨、說教上浪費力氣，就會耗損太多的情緒成本。如果衝突、批評、抱怨、說教，不能為我們帶來任何的好處，就不應該把精神浪費在這裡，不僅自己不開心，旁人也得跟著受氣。每個人都應該學會與情緒相處，容易被情緒牽著走的人，從來就成不了什麼大事。

愛因斯坦曾說：「把你的手放在滾熱的爐子上一分鐘，感覺起來像一小時；坐在一個漂亮姑娘身邊一小時，感覺起來像一分鐘。這就是相對論。」

一樣的時間，在快樂的氛圍中度過，或是在負面的情緒裡度過，感受是完全不同的。要懂得計算情緒成本，才能當個聰明的懶人。

4-2 活用「衝突管理」，才能激盪創新火花

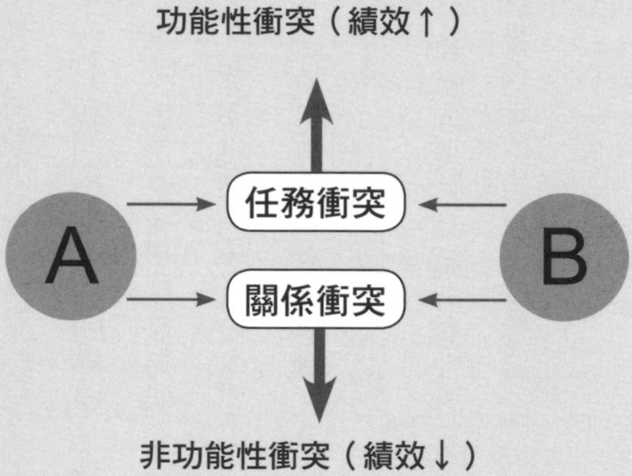

一位已屆退休之齡的年長朋友忿忿不平的抱怨，他的職等及資歷早就足以當經理了，但卻因為公司裡有太多人忌憚他，不但升不上去，還被故意刁難，將他調到偏遠地區的分公司。同期的同事不是已經當上經理就是副理，自己卻是中階主管一當就是二十年，如今再過幾年後就準備要退休了……

這位年長的朋友在大學尚未普及的年代，就已經擁有不錯的大學學歷，當初的入職考試亦是名列前茅，加上從未缺席內部的升遷考試，因此在職涯初期可說是平步青雲，比起其他同儕爬得都快。

但到了要退休之際，職位卻反而不如其他同期的同事高，為什麼？

原來，這位能力不錯的年長朋友，個性非常好強且不服輸，老是與人起衝突！

因為學歷比他人高，考試分數比他人好，就連工作績效都比他人優秀，因此他對自己一向很有自信，只要碰到不認同或是對自己不利的事情，一定據理力爭到底，得了理更是不饒人，不知不覺中就得罪了不少的同事及主管。

而這樣的習慣不單單是出現在職場上，也帶進了他的日常生活中，無論是在馬路上的行車糾紛、消費時的爭議，還是跟朋友間的爭論，他都是以吵贏別人而自滿，從來不畏懼衝突，因為他就是不喜歡「輸」的感覺。

他認為，這個社會上有太多莫名其妙的人，就算不去招惹他們，他們也會來找自己麻煩，如果忍氣吞聲，這些人只會變本加厲，因此一定要讓自己「硬」起來。

而他這樣的個性，確實也讓人敬他三分，連主管及同事都不敢隨便得罪他。然而，在保住自己氣燄的同時，卻也讓他失去了不少的好人緣。

在一個有制度的組織中，升遷通常都有一定的依據，也許是看入職的學歷，也許是看工作的資歷，也許是看實質的實力，一般初階及中階的職位多半是依據這些可被「量化」的績效來決定，因此這位朋友在職涯初期爬得比誰都快。

然而，當職位到了一定的階級後，想要爭取更重要的職銜時，看的可能就不是單純可被「量化」的履歷了，而是依據老闆或是上級主管對你的「質化」印象分數來決定。而這位老是與人發生衝突，讓人印象不佳的朋友，也就注定沒了升遷的機會。

衝突反而可以活化組織？

衝突一定不好嗎？

事實上在傳統的管理觀念中，確實認為衝突是有害的，會對組織產生不良的影響，應該設法避免。可隨著管理學觀念的演進，這樣的觀念有了些變化，認為衝突是一種無法避免的人際關係，而且不一定會對組織帶來傷害。

在最新的觀念中，更認為衝突是一股活力，有益的衝突能活化組織的互動機能，讓組織能夠不斷的自我批判及革新。因此衝突不能逃避，而應妥善的管理及運用。

衝突大致可分為兩種——

第一種是對事不對人的「任務衝突」，主要是指為了完成組織目標所產生的衝突，屬於一種功能性的良性衝突。組織成員一定會有些不同的想法及意見，有時因為難以達成共識而產生衝突，這一類的衝突是對事不對人，有利於組織的活化，並激盪出更多的想法及創新力。

第二種是對人不對事的「關係衝突」，主要是指因為人際關係或情緒所誘發的衝突，屬於一種非功能性的衝突。在人際相處或完成目標的過程中，難免會有除了任務外的人際衝突出現，一般而言很容易變成對人不對事的狀況，不但容易造成組織不和諧，也容易讓最後的結論趨於不理性。

但如果像前述的這位長輩朋友那樣，什麼事都要起衝突，就注定走向錯誤的衝突管理模式。

別對每隻向你吠的狗扔石頭

確實，無論在職場還是社會上都有一些充滿負面能量的人，喜歡找碴、挑釁、製造混亂來困擾他人，而當中欺善怕惡者亦不在少數，有時候唯有自己夠強悍，敢於衝突，這些人討不到便宜，才會對你敬而遠之。

但是，如果我們像這位長輩朋友一樣，總是綳緊神經的去與每一個人起衝突，那麼在趕跑壞人的同時，可能連貴人都嚇跑了。或許有的時候輕鬆以對，用婉轉的方式或幽默感去化解這些不必要的麻煩，會是更好的方法。

前英國首相邱吉爾曾說：「如果你對每隻向你吠的狗，都停下來扔石頭，你永遠到不了目的地。」

在戰場上，當有暗箭射向自己時，我們可以有兩種選擇。

一是找到射箭者，衝過去一決生死，但下場可能是成為一名戰死沙場的士兵。

二是擋掉這些箭，繼續朝目標前進，而結果是有機會成為一位揚名立萬的將軍。

兵與將，差別就在於此。

4-3 無謂的批評，只是在浪費時間

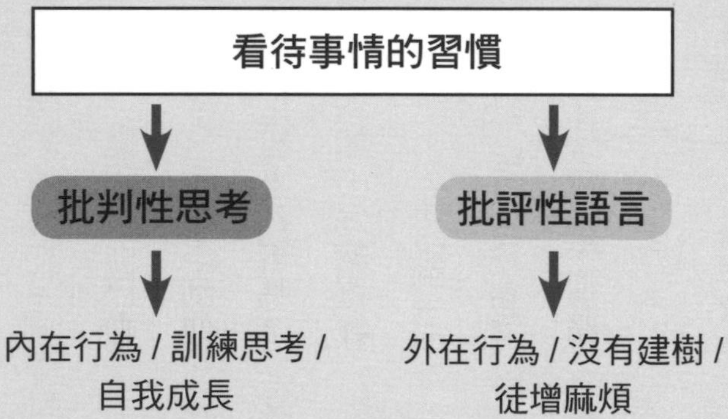

週末午後的一間平價咖啡廳中，幾位年輕客人說話的音量之大，就算不想聽，還是傳進了其他客人的耳中。

「那個人根本沒什麼實力，運氣好而已啦。」

「我只是沒有認真，不然根本就輪不到他。」

「你們不覺得，他長得其實很不討喜嗎？」

「我其實覺得他很假，而且能力真的還好。」

聽起來，他們似乎正七嘴八舌的討論一個人，這個人可能在某些方面表現得比他們更好，於是心有不甘就聚在一起好好的「批評」一番。起初每個人都咬牙切齒，直到大肆批評完一輪後，情緒才藉由同儕的力量得到了紓解，得以稍歇片刻。

他們開始滑起手機，翻起了店內的報章雜誌，不久卻又傳來了批評的聲音——

「辦什麼世紀婚禮，你們看她那件婚紗品味有夠差。」

「你們看這些當官的，不知道亂花掉我們多少稅金。」

「這個什麼專家根本是胡說八道，我來講都比他好。」

原來，這些人的批評對象並不只限於他們身邊認識的人，連藝人、官員、專家及公眾人物，都可以是他們用來議論的下酒菜。而從批評時眾人的默契及神采奕奕看來，可以想見這就是他們的日常樣貌，熟練又習慣的批評著所有看不慣的人事物，即使在公眾場合依然故我而自在。

那麼，只有員工會批評公司及老闆嗎？不，事實上，喜歡批評員工的老闆也是大有人在。我曾經在一次的活動中，遇過一位從頭到尾都在批評員工的老闆，而且還是在我們這些客人的面前。

「手腳這麼慢，用點腦袋啊，做事要有效率啊！」

「這我不是交代過嗎？同一件事情不要我一直說。」

而他不單是直接對他的員工批評，當他的員工離開去忙時，他仍然閉不上嘴，對著我們這些客人神氣的繼續批評他的員工。

「現在的新人真難教，一樣的事得教好幾次。」

「現在的員工真難用，做事的積極度都不夠。」

「現在的人才真難找，都沒辦法幫公司賺錢。」

你會認為這是一個好老闆嗎？不，後來經由他人的口中得知，這正是一間永遠留不住人才也賺不了錢的公司，只是老闆家裡的「本」夠雄厚，讓他有足夠的資本去「玩」生意罷了。

批評的人太多，思考的人太少

我們常常鼓勵年輕人，要有批判性的思考能力，其實重點在於要培養「獨立思考」的能力，而不是批判的行為。但卻總有人畫錯重點，以為必須透過貶低他人方能彰顯自己。

想想，如果我們剛認識一個新朋友，他跟你聊的不是什麼有建設性的話題，而是在批評他的老闆、批評他的顧客，甚至批評他的家人，你會認為這個人值得結交嗎？

這樣的人不但不能深交，反而還得開始擔心你在哪些地方做得不夠好時，可能就會淪為他口中下一個批評的對象。

事實上，一個老是在批評的人，本身就不可能創造什麼價值，也不會是一個值得深交的朋友。

一個人花愈多的時間在別人的雞蛋裡挑骨頭，就會花愈少的時間在孕育自己的雞蛋，最後就容易變成一個「生雞蛋無、放雞屎有」的角色。喜歡隨意批評他人的人，通常缺乏檢視自己的能力及習慣，因此，一個人花愈多的時間在檢視他人，相對就會愈顯平庸。

別成為「生雞蛋無、放雞屎有」的角色

在職場上，難免會有些小團體，他們透過貶低他人、說別人的壞話，去

創造出一個共同的敵人及話題，來凝聚小團體的向心力。問題是，如果我們身邊總是圍繞著這種人，就很容易跟著停止進步。一個總是在批評他人的小團體，永遠不可能成為能帶來價值的人才。

卡內基（Dale Carnegie）曾說：「只有不夠聰明的人才批評，因為批評改變不了事實，還會招來怨恨。」

出一張嘴批評人是很簡單的一件事，只要腦袋笨一點、邏輯差一點、心胸窄一點就足矣。慣性又頻繁的批評習慣，是沒有能力創造價值的人用來讓自己好過的最廉價方式。彷彿只要朝別人身上多吐兩口口水，自己看起來就會比較高尚一樣。

小心，別讓自己成了「生雞蛋無、放雞屎有」的角色。

4-4 過度的抱怨，影響的是人際關係

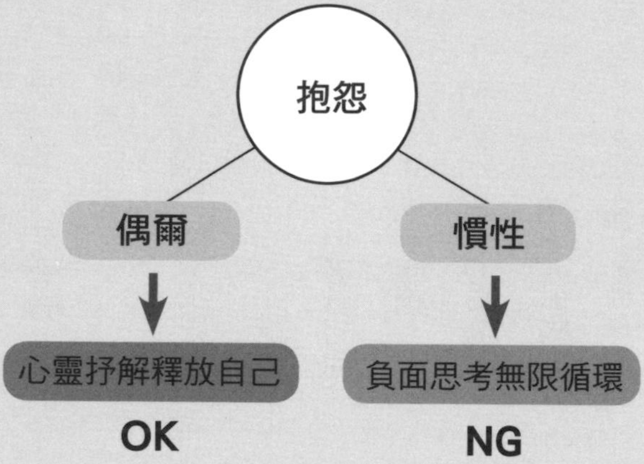

在臉書中，有一種類型的朋友，總是喜歡在自己的頁面上抱怨總總討厭的人事物。就有一位臉書朋友，每次隨機出現在我的動態頁面時，一定都是滿滿的抱怨文——

「那個人是有事嗎？為什麼有人自我感覺那麼好？」

「為什麼有人心機那麼重？唉，我不適合跟人勾心鬥角。」

「只會出一張嘴，有想過真正在做事的到底是誰嗎？」

「我好倒楣，根本是那些同事的問題。」

「我說實話錯了嗎？這真是一個不能說實話的地方。」

「我們人真的要往正面看，不要像那些人一樣負面。」

「我要換工作了，祝你們心安理得。」

在抱怨完這些話沒多久，就看見這位朋友的臉書動態以大動作昭告天下的方式，宣布自己換工作了，就好像自己做出了一個很帥氣的決定，開除掉舊公司一樣，換來的是稀稀疏疏的幾個讚加上拍拍文，以及短暫的停止抱怨蜜月期。

有趣的是，過不了多久，這位朋友一定又會再回到臉書的世界中，繼續抱怨新公司、新同事，再度上演另一齣「眾人皆醉我獨醒」、「念天地之悠悠，獨愴然而涕下」的老戲碼……

其實，如果以看戲的角度，偶爾看看這類人在臉書上演獨角戲也滿好玩的，但卻也不禁為他們憂心，老是活在抱怨的情緒中，真的會快樂嗎？

我們不難發現，有著持續性抱怨習慣的人，永遠像是二輪片的戲院一樣，總是不停上演著過去曾經上映的老戲碼，卻沒發現其實已經是歹戲拖棚了，這是為什麼？

人際關係就像一面鏡子

愛抱怨的人，在這種行為的背後，其實就是希望告訴大家，自己的失敗都是有原因的，絕對不是自己不夠好，而是外在環境的錯，自己是一個無辜的受害者。

抱怨是一種思考習慣的體現，如果養成抱怨的習慣，其實就等同於養成負面思考的習慣，只要遇到問題就容易歸咎於他人。如此一來，負面情緒就容易蔓延開來，對自己及周遭的人產生負面影響。這樣不但傷害了自己的心情，同時也毀了自己的人際關係。

喜歡抱怨的人，鮮少專注於重要的事情上，而是將注意力放在那些過去的瑣碎鳥事。這樣的習慣，不但容易讓自己錯過更多有價值的事，而且容易把所有的時間精神都賠在那些過去的泥沼中，因此，把抱怨當成唯一宣洩出口的人，其實是最愚蠢的。

當然，藉由抱怨他人，或多或少也可以得到一些心靈上的紓解，偶爾抱怨其實並不是什麼壞事，然而，我們不妨試著想想，為什麼天底下的討厭事總是會找上這些慣性抱怨者？

爛公司真的有那麼多嗎？可能還真不少……

爛同事真的有那麼多嗎？可能也真不少……

但如果一再的更換公司及同事，卻總是會有新的爛人找上門來，那你自己可能就難辭其咎了。

因為人際關係就好像一面鏡子，除了跟蹤狂及愛慕者之外，這世界並不存在著一種「你恨著他人，他人卻愛著你」的人際方程式。

當你看不順眼的人愈多，其實也代表看你不順眼的人可能也愈多。

當你想要抱怨的人愈多，其實也代表對你有怨言的人可能也愈多。

當你習慣去討厭他人時，其實也代表他人一定也習慣的討厭著你。

有點雜音其實也不賴

確實，人生在世總是會遇到不少討厭的人事物，可能是老闆的不識貨、老友的不識相、老婆的不體貼、老媽的不公平，就連路人的不禮貌，都有可能成為我們不開心的原因。但如果不是偶爾抱怨，而是成了一種習慣，或許就該好好找找藥方了。

抱怨的本質，其實就是不願去正面面對問題，也不去試著改善、解決問題，而是只將問題歸咎於他人。這世界上討厭的傢伙真的很多，有時抱怨一下無可厚非，但最好別讓抱怨成為習慣，因為當抱怨成為一個人的習慣時，這個人也同時成為了一個討厭鬼。

如此說來，我們應該去討好每一個人嗎？那倒也不盡然！

前英國首相邱吉爾曾說：「你有敵人嗎？很好！那代表你的生命有所堅持。」

有不認同自己的聲音並非壞事，反而是件好事，因為那代表你並非是沒有原則的個體，也因此才會有些不同的雜音存在。

毋須讓每一個人都喜歡自己，但也要注意，別讓討厭自己的聲音太大聲了。

4-5 分享而不說教，溝通零障礙

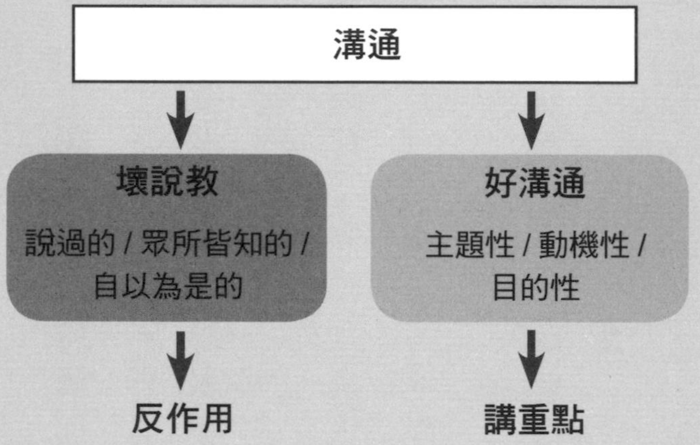

天下父母心，每個家長都希望自己的孩子成龍成鳳，但卻不一定都能如自己所願。前陣子在一次親戚聚會中，一位長輩跟我訴苦，說自己念大學的小孩花了太多時間在上網、打電動，卻花太少的時間在課業上。

這位長輩認為自己費了很多的唇舌在「教導」孩子正確的價值觀，孩子卻老是聽不進去自己的「教導」，有時還會「愈講愈故意」，甚至更愛唱反調，讓他很是擔心。於是他要求我說：「你說的話他可能比較聽得進去，你去幫我跟他說教一下吧！」

說教……這可真是個吃力不討好的任務啊，因為不管「說教」的立意是否良善，通常都鮮少有正面效果，因為「說教」這個行為本身就已經夠討人厭了……

說教三寶「說過的、眾所皆知的、自以為是的」

無論是在家庭還是職場中，都不乏喜歡說教的人，雖然這些人通常是出於一片善意，想讓別人知道正確的價值觀及態度，但結果不是得不到善意的回應，就是僅能得到表面上的敷衍。說教為什麼難以產生影響力？

因為**說教的本質，通常是建立在「我是對的」而「你是錯的」的假設前提下，換言之，這是一種標準的以上對下、我是你非的預設立場，而當有了這種角色定位時，說出口的話往往讓人難以入耳。**

愛說教的人，最容易犯的三個通病，就是愛說一些說過的、眾所皆知的及自以為是的道理。

一 說過的

一樣的事情說一遍叫告知，說兩遍是提醒，到了第三遍以上，就單純只是噪音及疲勞轟炸了。聽人發牢騷或是說教，是一種昂貴的情緒成本。每個人肚子裡的墨水有限，因此喜歡說教的人，就容易重複說著相同的言論。久而久之，就算他的言論再有道理，也只會造成反作用，讓人敬而遠之。

二 眾所皆知的

另一種說教則是重複說一些眾人皆知的大道理，像是「要孝順長輩」、「要用功念書」、「英文很重要」、「做事要專心」、「要將心比心」。這些當然都是正確的道理，但就算你不說，難道他人真的不懂嗎？這種廢話連篇的說教，是最浪費口水的語言。

三 自以為是的

最可怕的一種說教習慣，就是將自己認為正確的價值觀強加在他人身上，比如自己有信仰或政黨傾向，就認為這是真理，希望用力去感化身邊的人。如果他人不認同或不願意聽，還會氣對方為什麼這麼不懂事。這種類型的說教，通常只會造成他人的困擾及反彈。

當犯了這說教三寶的通病時，說教的功能已經不是在傳達重要訊息，而是單純滿足說教人自己的說教欲罷了，這根本是將自己的快樂建築在他人痛苦上的行為。

更可怕的是，不少喜歡說教的人，其實自己根本也沒做好，因為沒有身教，只好出一張嘴用言教了。

演說要像迷你裙

那什麼叫做品質良好的說教呢？其實好的說教跟好的演講有點像，重點都不應該放在自己想講的話上，而要想想什麼樣的演說方式才能夠讓聽眾聽得進去、吸收得最多。

邱吉爾曾說：「好演說要像女人的迷你裙，夠長到涵蓋主題，夠短到引人入勝。」

換句話說，好的演說要有明確的主題性、動機性及目的性，除非雙方都樂於閒話家常，否則只要能將重點講清楚就好，其他廢話少說。在能將重點講清楚的前提下，盡可能愈精簡愈好，避免「說過的、眾所皆知的、自以為是的」的說教模式。

沒有人喜歡被說教，唯有拿掉上對下、是與非的前提框架，好的溝通才有可能存在。

某次在一間咖啡廳中，看到一位媽媽帶著一對小姊妹來吃下午茶，小姊姊因為喜歡吃草莓，不太願意將蛋糕上的草莓分給妹妹。這位媽媽卻不責備小姊姊，只是問了小姊姊一個問題。

「童話故事中，美麗的公主都願意將自己的幸福分享給他人，而不會斤斤計較自己的得失，妳是美麗的公主嗎？還記得妹妹每一次拿到新玩具，也願意第一個分給妳玩嗎？」

小姊姊歪著頭想了一會兒，就主動將草莓分給了妹妹。

一個簡單的故事，往往比起長篇大論的說教來得更有用。

分享故事，不談大道理。大道理人人懂，人需要的是具啟發性的故事。分享看法，不糾正想法。沒人愛被糾正，人需要的是自我省思的空間。

如果認為太難做不到呢？那請努力戒掉愛說教的習慣吧！而這也是我對前述那位長輩的建議……

4-6 善意的謊言減少了衝突，還是帶來不必要的麻煩？

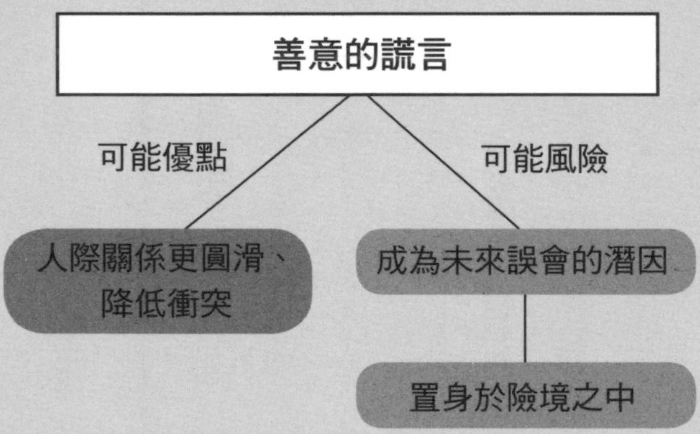

拿捏好善意，才不易傷害人；若有疑慮，別輕易說出口

某個里民活動中心常常會邀請各種類型的才藝老師，開設一些簡單親民的課程，提供里民一個閒聚交心的時間與空間，如瑜伽、肚皮舞、刺繡、繪畫、烹飪等都是經常性的課程。

有一次，活動中心的總幹事邀請了一位專門教手工肥皂製作的老師來開課，並預定先開兩堂課，看看里民們的反應如何。

像這樣的里民活動中心通常無法提供太多的人力及專業資源，因此都會請老師自己安排好整個課程的相關教材。

「老師，活動中心沒辦法幫忙準備材料，學員上課時要用到的所有材料，要麻煩老師自己準備喔。」總幹事打了一通電話給老師，特別提醒了一下。

「好的，我知道了。」老師聽完後隨口答應，想來應該是了解狀況了。

因為手工肥皂製作是過去較少有的課程，鄰里中有很多婆婆媽媽有興趣，加上活動中心的宣傳，所以有不少人相約想一起來體驗一下。

然而，這位老師似乎是第一次接觸這類的課程活動，並沒有好好了解活動中心的學員特性，以為自己當天的任務只是教大家如何做出肥皂，於是只帶了一套自己上課示範用的教材。整堂課程中，只見老師自己一個人在台上，扎扎實實的示範如何把一顆肥皂從無到有的做出來，而所有學員卻都沒有能夠實際操作及體驗的機會。

出於善意的謊言？

問題來了，這是一個體驗經濟的時代，會想來報名的婆婆媽媽們，都是希望老師能帶著大家直接體驗，最好還能一人做好一個帶回家跟家人分享，這堂課才會有趣。因此，參與者難免有了些怨言——

「什麼？我們不能自己做喔？」

「如果只是來看老師示範，我在家裡自己看 YouTube 就好了啊！」

「我幹嘛要看肥皂怎麼做？我是想帶小孩來體驗，好好玩一下的啊。」

「好無聊喔，我們幹嘛浪費時間來當個旁觀者啊？」

因為沒有給學員體驗的機會，因此，這堂課的回饋並不是太好，而預定要開的第二堂課，想當然也就沒有人要報名了。

傷腦筋的是，如果都沒有人報名倒還好，只要停課就好，還可以請老師下次設計好體驗課程後再重新開課，偏偏在報名截止日前，還是有一個人報名了。

一個人根本開不了課，總不能讓這堂課變成一對一教學吧？這樣對老師也不好意思。那麼，該如何跟老師及這位報名學員解釋呢？總不好直白的告訴他們：「第一堂課上得太無聊，第二堂課被腰斬了吧？」於是總幹事只跟老師說「因故取消」，而顧慮到老師的面子，總幹事則編了個善意的謊言跟學員說：「老師因為比較忙，當天沒辦法上課，所以取消了。」

按理說，這樣的回答方式，一來顧及到老師的面子，二來也沒有人真的因此權益受損，更不是為了總幹事自己的私利，這應該算是一個面面俱到的善意謊言吧？

好巧不巧，這位唯一的報名者正是老師自己邀請來的朋友，他回去跟老師報告了這個情況，你覺得老師會感謝這位總幹事的貼心嗎？

不，老師簡直氣炸了，覺得面子掛不住，還惱羞成怒反過來怪罪總幹事，他認為總幹事這樣對外說明，不就是將課程開不了的原因歸咎於老師太忙而「失約」嗎？這可是有關誠信的大問題啊。最後鬧得雙方都不愉快，彼此形同陌路……

善意的謊言可能會帶來更大的誤解

很多時候，善意的謊言確實可以讓人際關係更圓滑，降低不必要的衝突，然而，有時候可能反而為自己帶來不必要的麻煩。就像這位總幹事自始至終都是出於一片善意，才編了一套「善意的謊言」，希望事情能夠圓滿、圓融，結果卻反而搞得自己裡外不是人。

面對需要善意謊言的情況，我們可以迂迴的避重就輕，但最好不要自作聰明的編造一套太明確的說法。如果一個人為了消弭衝突，而經常說些善意的謊言，這樣反而很容易讓自己置身於險境之中，成為未來發生誤會及衝突的潛因。

前美國總統林肯曾說：「沒有一個人的記性，好到可以做個成功的說謊者。」如果沒有把握自己的善意不會傷害到任何人，沒有把握不會有被拆穿的一天，就別輕易說出口。

說謊是一門大學問，千萬別給未來的自己找麻煩！

4-7 懂得拒絕，不要被牽著鼻子走

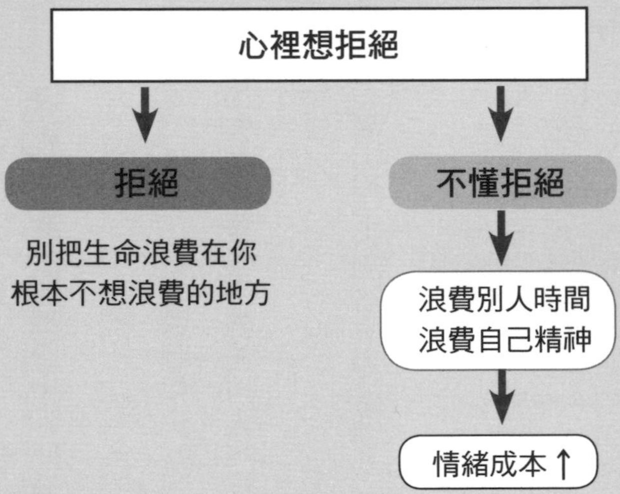

「一起吃個飯吧，介紹一些創造被動收入的機會給你。」

「當你是兄弟才邀請你，一定要來喔。」

「來來來，體驗一下不用錢。」

「請幫忙填個問卷，參加一下我們的活動。」

「你想讓自己變得更好嗎？千萬別放棄自己。」

「你有夢想嗎？來我們這邊，讓我們一起幫你圓夢。」

你有沒有收過類似的邀請呢？在生活中，總是充斥著各種產品、服務、活動的邀約，有些可能來自於街上的陌生人，有些還是來自於自己的親朋好友，有時候內心不一定想奉陪，但拒絕後，卻搞得好像自己虧欠別人一樣。這時，懂得如何去拒絕沒有興趣的邀約，就是一門很重要的學問。

曾經有這麼一個案例，一位還在讀大學的年輕朋友，為了負擔自己的學費，課業之餘還打工兼了不少差，卻在一次打工結束後的回家路上，遇到了半強迫式的訪問買賣，從路邊一張問卷的搭訕開始，到幾百元的產品介紹，最後再被人以半推半就的方式，用話術強迫推銷了數萬元根本不想買的產品。

所謂的訪問買賣，是指在未經消費者邀約的前提下，主動進行推銷的行為，通常是在消費者未經思考及判斷的狀況下便促成的商業行為。人心都有盲點，當一樣東西是「免費」或「便宜」時，為了人情世故，通常會覺得不應該拒絕對方，以至於最後被人牽著鼻子走。

這位年輕朋友就這樣在非本意又半強迫的情況下，被迫刷卡背了近十萬元的卡債，去買下這些根本用不到又不想要的產品。

回到家之後，這位朋友深感壓力及後悔，曾多次主動向廠商要求解約退貨，卻屢碰釘子得不到正面回應，讓他不知道該怎麼辦，直到十萬元的卡債已經造成生活壓力，才開口向身邊的朋友尋求協助。

朋友們上網 Google 一下這家廠商，出現的竟都是「強迫」、「受騙」、「退費」等負評及關鍵字，原來這是家極具爭議的廠商，已經有不少遇到相同問題的消費者出現，然而，此時已經過了無條件退貨的期限，該怎麼辦……

當然不能就這麼放棄，於是這位苦主在幾位朋友的陪同下，找到當初要求退款的證明，錄下廠商不實又具爭議的電話錄音，蒐集了網路其他受害者的資料後，向消基會及消保官提出申訴。

而廠商的回應就像擠牙膏似的——

直接要求廠商退貨時，廠商說願意退款兩成。

向消基會提出申訴時，廠商說願意退款四成。

向消保官提出申訴時，廠商說願意退款六成。

最後由消保官主持協調會，有了當初要求退款的證明，有了之前電話中爭議性的錄音，有了其他受害者的參考資料，再加上消保官的仗義主持，最後廠商終於願意退將近全額的款項。

軟土深掘的人，視你的軟硬來決定對你的態度

這是一個真實的消費糾紛故事，起初這位年輕朋友沒有定見，態度又不

夠堅決，軟土深掘的廠商自然得寸進尺、需索無度，而當他願意花時間及精神去尋求協助，證明自己要求退款的決心時，對方自然就不敢不當一回事了。

費了那麼多的功夫值得嗎？我認為是值得的！因為這整個過程及結果，都是用錢買不到的珍貴經驗。對於良善的企業，我們可以輕鬆享受彼此的互惠；當遇到具有惡意的對象時，就必須堅定自己的立場！因為他們不會願意浪費時間在無利可圖的獵物上。

巴克曾說：「懂得小心防備他人的侵犯，就可以避免自己任性的放縱和腐敗。」聰明的人一定要學會為自己劃出一條底線，只要有人不顧我們感受的侵門踏戶，請硬起來！「溫良恭儉讓」也要看對象。

軟土深掘的人，視你的軟硬，決定對你的態度。商業行為是如此，人際關係亦是如此。

要學會說「不」！

如果你很清楚自己根本不想接觸這類的產品或服務，最好是從一開始就拒絕，不要浪費別人的時間，更不要浪費自己的精神。

巴菲特曾說：「真正成功的人與其他人的差異在於，他們懂得在絕大多數的事情上說不！」

不懂得拒絕的人，鮮少能夠把自己的核心價值顧好，因為他們絕大部分的時間及精神都花在應付別人的索求上，累都累死了，最後，連自己本來想要做的事情都做不好。

每一個人的時間及精神都是有限的，別把生命浪費在你根本不想浪費的地方，既吃力又不討好！

4-8 快樂經濟學，掌握幸福競爭力

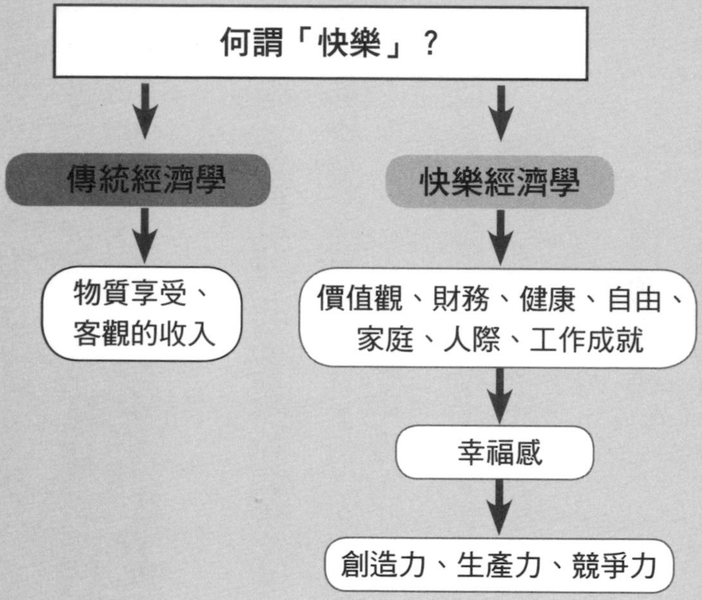

記得在高中時，我們一群男生最愛的漫畫叫《灌籃高手》，而最愛聊的話題則是前一天的NBA比賽。只要一有時間，我們就會衝到籃球場上打球打到天昏地暗，就算是下雨天也捨不得放下那顆籃球，那時候的導師就曾苦口婆心的告訴我們——

「喜歡運動是好事，但學生的本分是念書，還是要以課業為重，不要浪費太多的時間在球場上。」

不要浪費時間——這應該是多數人的共識，但什麼又叫做浪費時間呢？

「明天油價要漲了，大家記得把車子開去加滿油啊！」

一位同事在看到油價明天要調漲的訊息後，立刻向身邊所有的親朋好友分享了這個訊息，而且當面分享還不夠，就連臉書、Line群組也都成為他重要的分享工具，並露出一副相當得意的神情，好像自己的這個舉動不但能開源節流，而且還充滿生活的智慧。

不過有趣的是，這位朋友開車常常貪快，停車常常貪方便，被開過不少超速及違停的罰單，幾千塊的紅單都省不下來了，怎麼會在這種小錢上大做文章呢？更何況要特地把車子開去加油，不但車程上要吃油，更要浪費不少的時間啊。

這算什麼聰明的省錢智慧啊？

「今天星巴克買一送一，快！一起去買吧。」

另一位朋友總是在收到星巴克買一送一的簡訊後，迫不及待的邀朋友衝到星巴克買咖啡，但是這間店位於鬧區，又是「買一送一」的大日子，因此排隊點餐的客人非常多，加上等餐點的時間，他花了超過半小時的時間才賺到這杯星巴克咖啡。

算算再加上走到星巴克的時間，兩人加起來等於浪費了快兩小時的時間。如果以最低工資來計算，所浪費的時間其實也超過了一杯星巴克咖啡的價值，哪裡賺到了？

既然都決定要花錢消費了，何不當個愜意的消費者，幹嘛像這樣浪費時間，又省不到什麼錢，可以說，在我的「理性」思考架構下，他們的行為是「不理性」的。

但……這個「理性」對嗎？

事實上，不管是加油的朋友，還是排隊買星巴克咖啡的朋友，他們根本不是在省錢，而是在享受「賺到了」的快樂感覺。

享受「賺到了」的感覺

「賺到了」的快樂感覺？

是的，很多時候我們可能會在不知不覺中有一些奢侈的花費，卻反而喜歡在一些小便宜或小智慧上大做文章，享受一下「賺到了」的感覺，讓自己投射在一種好像有在開源節流的「小確幸」中。

這樣不是很糟糕嗎？

不，即使根本沒有省到錢，但如果這個過程能讓我們產生一些好似「賺到了」的快樂感受，那反倒是一件相當不錯的事。因為生活中最重要的一件事，就是快樂的感覺。

就像我在高中熱愛打籃球，就算賺不到半毛錢，考試分數更可能因此滿江紅，但如果這段時間我是感到充實快樂的，那麼這段時間的「浪費」就算沒有可量化的回報，還是算「賺到了」。

別用自己的理性，去衡量他人的感性

在傳統的經濟學觀念中，是以客觀的收入及物質享受來衡量一個人的有形快樂，然而在快樂經濟學的範疇中，認為一個人的快樂，並不單單只取決於可衡量的數字，還包括了個人的價值觀、財務狀況、健康、自由、家庭、人際關係、工作成就等等，而這些都是奠定一個人快樂價值的要件。

在快樂經濟學的領域裡，認為快樂不但可以帶給一個人幸福感，還可能增進一個人的創造力，增進一個工廠的生產力，增進一個國家的吸引力。換言之，快樂就是一種名副其實的競爭力。

那麼，快樂到底是什麼？有沒有一個明確的公式？有沒有一條清楚的方向？或是一個完整的定義？其實還真沒有，不過可以確定的是，能夠帶來快樂的方法，一定是因人而異的。

英國哲學家伯特蘭．羅素（Bertrand Russell）曾說：「當你樂在浪費的時間中，就不是浪費時間。」

我們常常習慣用自己的「理性」，去衡量他人的「感性」，問題是，每個人享受快樂的方法本來就不一樣，實在毋須將他人的「感性」，放在自己的「理性」框架上。

因為只要能帶來快樂，就算「浪費時間」也是有意義的，而每一個人對快樂的定義及感受也一定都是不同的。

PART 5

懶人經濟學

創新的動力，原始於懶惰

在如今的知識經濟時代，腦袋才是最重要的工具，要學會創新、創意、可控、深耕、槓桿、動腦，不被傳統的標籤及成見所困，才能當個聰明又輕鬆的懶人。

5-1 經濟・開發懶人思維，找到創新經濟的動力

人類的經濟文明經過不少的演化，從最遠古原始人的石器時代開始，再隨著不同文化的演進，發展出各式各樣不同的經濟工具。

整體而言，人類的經濟文明可以概分為幾個階段——農業經濟、工業經濟、知識經濟、網路經濟。而在不同經濟框架中，經濟思維可是大不相同。

農業經濟——體力和時間

在工業革命之前，人類賴以為生的經濟是農業，此時人類最重要的價值投入是「體力」與「時間」，可說是盤中飧粒粒皆辛苦。

在農業經濟的思維中，想要出人頭地或是累積更多的財富，靠的就是勤勞——努力的提高工時，努力的種出更多農作，賺的其實就是投入時間的體力活，如此才能創造最大的經濟產值。

因此這個時代被歌頌的工作態度便是勤勞，勤不但能補拙，還是一種美德，要成功，靠的就是勤勞所創造的最大經濟產值。

我們可以說，在農業經濟的思維裡，最重要的經濟價值就是「時間」及「體力」。

工業經濟——效率和效能

之後，隨著人口的增加，農業勞動力開始過剩，加上工業革命的到來，人們漸漸轉向新的製程，以機器設備來取代傳統的人力，進入了工業經濟的時代。

弗雷德里克·泰勒（Frederick Taylor）於十九世紀提出了「科學管理」的思維。

他在當時詳細的記錄了工廠生產流程中所有的步驟及時間，甚至連工人的每一個動作都列入設計的項目，務求以最經濟的方式來達到最高的生產目標。

他認為工廠應該藉由科學化的設計，將整個生產流程標準化，以達到產能及產量極大化的目標，而這也深深影響了當代的工業經濟。

工業經濟的思維已經跳脫了傳統靠體力投入的想法，而是透過不停的動腦，去想要如何設計製程才能達到最大的效率，如果機器能夠做的，就不要浪費人力；該偷懶的部分，就不要花太多力氣。

別以為工業經濟的思維只適用於工廠中，我們常吃的麥當勞，在創辦初期其實也不脫工業經濟的思維。

當時的麥當勞兄弟找來了全部的餐廳員工，畫出了所有模擬的機台，哪裡放黃瓜、哪裡擠番茄醬、哪裡炸薯條、哪裡將漢堡包裝好送出，並反覆的測試及修正，以追求最快的出餐效率，確實的將這套管理思維成功落實在自家餐廳的經營上。

標準化作業流程、全面品質管理、即時生產等概念，都是此一經濟思維之下的產物，可以看出在工業經濟的思維裡，最重要的價值就是提高效率及效能。

知識經濟——知識和智慧

然而，一間店管理得再好，流程再有效率，終究也只不過是一間店的成功罷了，之後麥當勞加盟事業的奠基者雷・克洛克（Ray Kroc）又跳脫了原先工業經濟的思維，轉而跨入知識經濟的範疇。

當雷・克洛克取得了麥當勞的特許加盟權後，他與許多懂法律、行銷、房地產的人合作，打造出一套與原先合約截然不同的商業模式。透過總公司來尋找合適的店址，購進或長期承租土地，再轉租給另一個加盟主，從中賺得大筆的保證金及利潤。

推銷員出身的雷・克洛克，非常懂得從市場及消費者的角度來看事情。他曾經表示，麥當勞的事業根本不是餐飲業，是房地產業，而這個房地產指的便是由雷・克洛克所打造出的這套特許加盟營運模式：

先建立起「品牌」後，取得加盟者及銀行的信任，並透過標準化來複製成功經驗，以達到快速擴張的目的，一路將麥當勞打造成為全世界最有價值的餐飲品牌。

其實，這就是一種知識經濟的活用及複製。在知識經濟的思維裡，最重要的價值是知識及智慧的累積。

網路經濟——以網民為本

在歷經了農業經濟、工業經濟、知識經濟後，如今人類的經濟文明已經邁入了網路經濟的時代。

雷．克洛克於一九八四年逝世，而此時麥當勞的版圖已經擴展到了全世界，成為世界上最有價值的餐飲品牌，如今麥當勞仍持續轉型及成長中，在實體店面之外，也開始透過網路耕耘新的顧客群。

加拿大的麥當勞曾經開放一個顧客論壇，提供給所有的顧客回饋及提問的網路空間。

其中一位消費者在當時提出了一個有趣的問題——

「為什麼我所吃到的漢堡跟廣告中差那麼多？」廣告裡的漢堡看起來是那麼大、那麼的鮮嫩多汁，但實際拿到的卻總讓人有些失望。

這問題很妙，不過麥當勞的官方回覆卻更妙。

「廣告中的漢堡來自於 Photoshop，製作花了四小時，而你吃的漢堡來自於我們的餐廳，只花了一分鐘製作！」

這個誠實又詼諧的回覆被消費者廣為分享，不但未對品牌造成傷害，反而為麥當勞塑造了誠實又有創意的形象，沒有花費任何的預算就達到了品牌行銷的效果。

由此可見，在網路經濟的思維裡，最重要的價值正是網民的分享。

那什麼叫做懶人經濟呢？

其實，除了農業經濟外，無論是工業經濟、知識經濟、網路經濟，都稱得上是一種懶人經濟，透過提升效率、累積知識、活化網路來達到「運用小力氣得到大收穫」的目的。

換句話說，想得到最具經濟效益的收穫，就要先弄懂懶人經濟。

5-2 創新・不需無中生有，但要打破既有框架

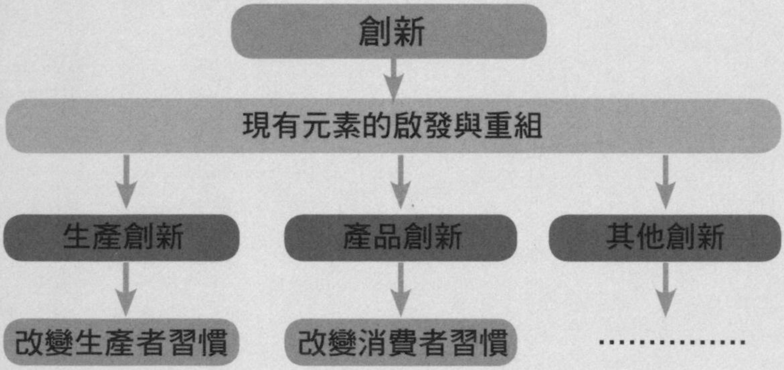

《烏龍派出所》是一部日本暢銷漫畫，故事描述一位愛惹麻煩的問題警官——兩津勘吉的工作日常，從一九七六年九月開始連載，迄今已經有四十多年的歷史。

一位創作者能夠投入創作四十年已經是超乎想像，更何況還是同一部作品。

《烏龍派出所》作者秋本治在日本非常知名，是一位頗受尊崇的敬業漫畫家，他從來不拖稿，也不讓連載有開天窗的機會，而更難能可貴的一點則是，他不但不讓助手們熬夜爆肝趕稿，甚至還能準時上下班，擁有週末的休假時間。

數十年如一日的自律，才造就這部史上連載最長的作品。

然而，創意總有枯竭的時候，一樣的角色設定及故事框架，是如何連載長達四十多年的呢？

如果只看卡通，可能會認為《烏龍派出所》就是單純的無厘頭搞笑作品，但如果是長期追紙本漫畫的讀者，便會發現這部作品就好比是一部日本近代史的百科書。

四十年的時間有多久？社會環境的變遷有多大？

從黑白電視、彩色電視到液晶電視。

從錄影帶、ＤＶＤ到藍光光碟。

從 BB Call、黑金剛手機到智慧型手機。

從紙本媒體、數位媒體到網路媒體。

而《烏龍派出所》漫畫作品最大的一個特色，就是作者總能夠隨著時代及科技的演變，用同樣的主角及故事框架，以詼諧幽默又深入淺出的方式，將整個時代科技變遷的介紹及應用都融入在這部作品中。

流行趨勢的轉變，包括古玩、電玩、手機、模型、光碟、汽車、火箭、美食、網路、旅遊到奧運等等，這些時事及新知在作者的創意下，都被包裝成為這部漫畫的素材，透過輕鬆娛樂的方式，帶給讀者不少科技新知及世界潮流趨勢，而隨著時代的進步，作品也跟著一起成長。

其實，這就是一種創新。

在《烏龍派出所》這部漫畫中，作者總能隨著時空環境的不同，將不同時代的元素融入在自己的作品裡，即使故事的主角及主軸永遠都是無厘頭的阿兩，但作品的內容卻能隨著作者的閱歷而成長，最終才得以成為一部長青作品。

什麼是創新？

到底什麼是創新？

用比較文青的說法，應該就是絞盡腦汁、燃燒生命，努力挖掘出靈魂深處的新意？

不！不需要那麼辛苦。

其實聰明的創新，從來就不是憑空挖掘而出，而是透過一些現有元素的啟發，去重新組合、包裝後進化而成。

破壞性創新的概念，最早是由奧地利的一位經濟學家熊彼得（Joseph Schumpeter）於一九一二年所提出，他認為創新就是將原始的生產要素採用新的方式重新組合，以求提高效率或是降低成本的經濟過程。之後克里斯汀生（Clayton Christensen）再次詮釋了破壞性創新的概念，認為破壞性創新是針對顧客設計的一種相對嶄新的產品或服務。

整體而言，所謂的破壞性創新，指的便是這項創新足以打破舊有框架，改變生產者或消費者的習慣。

汽車的發明，源自於賓士汽車的創辦人卡爾·賓士（Carl Benz），他成功的以汽油引擎取代了過去體積龐大的蒸氣引擎，生產出全世界第一輛汽車。

然而，由於高昂的生產成本，使汽車一直沒辦法普及化。

直到福特汽車的創辦人亨利・福特（Henry Ford）於一九〇八年將原先用在豬肉屠宰場的「流水線」生產模式，運用在汽車的生產上，汽車才成功走入大眾生活。

在一九八〇年代風靡全球的隨身聽（Walkmen），其實是SONY的創辦人盛田昭夫，偶然看見有人在街上背著厚重的收錄音機，發現人們有將音樂帶著走的渴望，於是他將收錄音機縮小後，與耳機做了巧妙的結合，就成了隨身聽。

再說到智慧型手機的誕生，其實只是Apple的創辦人賈伯斯，將多點觸控的專利技術，結合當時日漸成熟的手機智慧型功能所開發而成。

從這些例子我們可以發現，所謂的創新從來就不是真正的創造出新事物，只不過是將過去人們沒有聯想到的兩個元素連接在一起罷了。

創新就像蜜蜂釀蜜

如果空氣是上帝最偉大的創造，那麼水（Ｈ２Ｏ）就是上帝最偉大的創新！

因為水並非無中生有，而是氫（Ｈ）與氧（Ｏ）的巧妙結合所產生的。創作亦是如此。

英國哲學家培根（Francis Bacon）認為，做學問可分為三種人，第一種人像「蜘蛛結網」，努力從自己的肚子裡挖掘有限的東西；第二種人像「螞蟻屯糧」，努力從外面原封不動的搬東西回來儲藏；第三種人像「蜜蜂釀蜜」，廣採百花後再透過自己的加工，釀造出最香甜迷人的蜂蜜。

第一種人創意有限，第二種人缺乏原創，第三種人才是真正能夠源源不絕進行創新的人。

這世上鮮少有能夠無中生有的創作，能夠源源不絕創作的人，都不是閉門造車的工匠，而是能夠廣蒐資料、入微觀察、獨立思考消化後，將這些想法化為自己血肉的創作者。

5-3 創意・與其大手筆投入，不如開創有趣話題

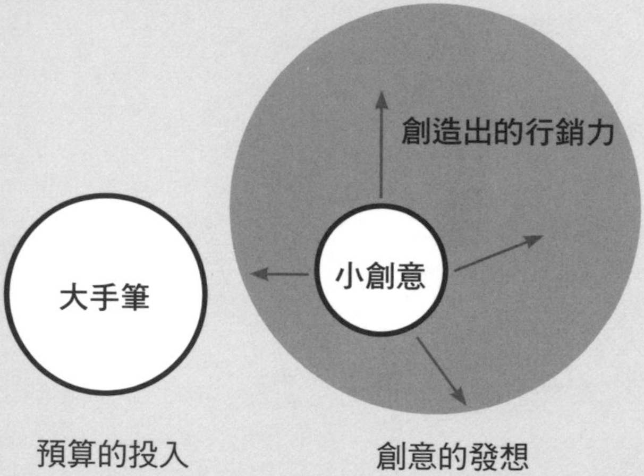

有一位企業老闆，每年都會為自家的企業品牌推出電視廣告，而廣告內容的制訂有幾個程序，首先由內部或以委外的方式進行廣告創意的啟發，再由行銷部門來進行文案的篩選，最後將他們認為較佳的方案呈給老闆，由老闆做最後的決定。

然而，行銷部門認為較好的那些方案，往往不受到青睞而被老闆打槍，因為那些充滿創意又跳 Tone 的點子，對於年過七旬的老闆來講都太缺乏邏輯性，難以理解當中的趣味所在。因此為了符合老闆的喜好，方案就愈改愈古板，而這些老套又沒創意的廣告，自然也得不到太多消費者的共鳴，只是花錢買曝光罷了。

好不容易在一次的行銷企劃中，年輕的行銷主管終於說服了老闆，去嘗試一次那些他認為沒邏輯的點子，用年輕人的創意打了一支不同於以往風格的新廣告，結果呢？

這支廣告所帶來的龐大效益及話題性，遠遠優於過去那些老古板的廣告，也證明了老闆的眼光似乎不太好……

其實，這位老闆在管理上一向有相當不錯的表現，帶領著這間公司從中小企業成長到現在領域中的佼佼者。然而，好的管理人並不等於好的行銷人，加上不同世代的隔閡及代溝，這位七旬老闆的行銷眼光自然也就難以吸引當今消費者的目光。

老闆最後無奈的接受自己眼光不好的事實，他愛的方案消費者不愛，而消費者愛的方案他看了又難過，那該怎麼辦？

「從今以後，行銷的部分我不管了，請行銷經理全權作主！」

老闆決定眼不見為淨，將公司行銷廣告的決策權交給了別人，從此不再過問及過目廣告方案的內容。從這個角度來看，這老闆還真有自知之明。

大手筆與小創意

在過去以生產導向為主的工業經濟時代，需求往往大於供給，只要能把產品做好就有市場。而在進入行銷導向的網路經濟時代後，此時市場上的供給開始大於需求，也導致廠商間的競爭日趨激烈，單單做好產品已經不夠了，必須努力去了解消費者的需求。

每個時代都有不同的最佳行銷媒體，從過去的傳單、報紙到電視廣告，都曾有其強大的聚焦魅力，然而隨著網路經濟時代的來臨，這些傳統媒體的影響力已大不如前，取而代之的網路世界則成為兵家必爭之地。

每個人都知道網路行銷的重要性，因此不少企業將大部分的預算投資在網路行銷上，請人設計網頁、買關鍵字、買曝光及買點讚數，但為何真正能在網路世界行銷成功的卻是少之又少？

這是一個資訊爆炸的時代，同時也代表著在這個大數據的洪流中，行銷人要想產生一些漣漪並不容易，畢竟一個人一天所接觸到的資訊量，可能遠遠超越過去的人一整年的量。如果在銀彈不足、羽翼未豐時將大量預算投入於此，猶如將錢投入許願池一般，買的是一個希望，而不是實質的行銷力。

當行銷預算有限時，就不應該將過多的預算放在用錢就買得到的資源上，因為根本難以達到行銷效果。行銷絕非單純砸錢博版面如此簡單，事實上，網路世界最具行銷力的部分根本是錢所買不到的。

聯合利華（Unilever）的執行長基斯．威德（Keith Weed）就將行銷力分為「擁有的」（owned）、「買來的」（bought）及「賺到的」（earned）。「擁有的」指的是自家的招牌或官方網站，「買來的」就是大手筆得到的那些廣告版面，而所謂「賺到的」則是指經由創意發想所獲得的媒體自發性報導，抑或是網民自發性轉載，而這才是這個時代最值錢的部分。

在大數據的時代中，若將付費媒體作為行銷主力，放入大部分的預算，那買的只是一個曝光機會，帶來的行銷力並不大。然而，如果能夠將預算轉向創意的啟發，這些創意往往能創造一些用錢所買不到的行銷力，讓媒體及網民成為我們免費的行銷載體。

「拉」比「推」更有力

過去，企業可以花大錢將想要行銷的資訊「推」給消費者，如今的消費者卻已經不再被動買單，因為他們只願意看見自己有興趣的東西，因此就要創造有趣的玩意，讓消費者願意被「拉」進來，而不是如同前述，依照老闆的個人喜好，打造無聊的東西「推」給消費者。

假設預算有限，就不要試圖用錢堆積出行銷力，因為如果自家的產品或是創意根本不具吸引力，那麼所有投入的行銷預算將形同浪費。要知道，那些在網路行銷上獲得成功的品牌企業，並不是因為網路而成功，而是本身的創意及商業模式就已經很成功，網路僅僅是扮演著快速傳播的舵手罷了。

行銷要成功，靠的不是大手筆，而是小創意！

5-4 可控・專注於可控範圍，才能帶來最高產值

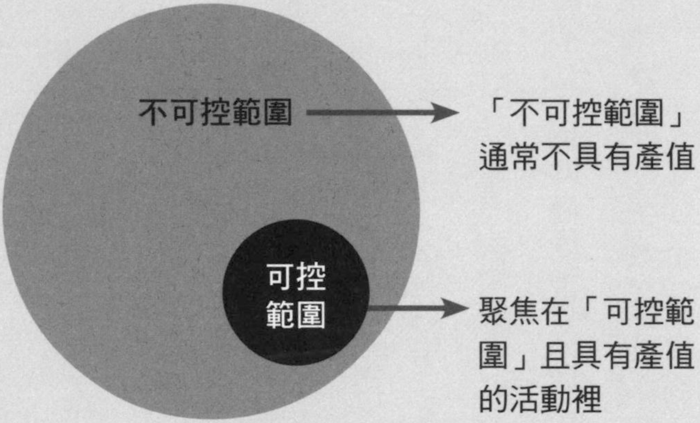
不可控範圍
「不可控範圍」通常不具有產值
可控範圍
聚焦在「可控範圍」且具有產值的活動裡

有一位長輩朋友非常關心國家大事，平常空閒時，總是會將電視轉到新聞台或是政論節目，再隨著節目中的議題高談闊論，發表自己的高見，有時還會講到臉紅脖子粗，好像以國家興亡為己任一樣。

「這個政黨的政治人物全是一樣的嘴臉，都只想騙選票罷了。」

「這些做官的都在騙老百姓，發生事情時就推得一乾二淨。」

「這個名嘴看起來真討厭，講話老是顛三倒四、胡說八道！」

另一位年輕朋友則是非常關心名人軼事，平常空閒時，總是喜歡上網追逐名人的醜聞及八卦，還花了不少時間跟意見不同的網友留言筆戰。

「這個女明星又不漂亮，真搞不懂她為什麼能當明星。」

「這些人花邊新聞還真多，有點錢的人就是愛作怪。」

「那個人唱的歌真難聽，這樣也好意思出來唱！」

想想，我們身邊總是不乏這樣的人，花了大把的時間及精神，坐在電視機前或是拿著報章雜誌，大肆的評論國家大事、大罵公眾人物，或者是大談明星八卦。他們燃燒了不少的熱情投入在這些議題中，評論起來還氣勢十足，好像這個世界如果少了他們的參與就無法運行一樣。

並不是說不能關心這些社會議題或是名人趣聞，但回過頭來仔細想想，這些在電視機前、在報章雜誌前高談闊論的人，他們到底改變了什麼？創造了什麼價值？事實上，他們根本沒有改變任何的事情，也沒有創造出任何的價值，為什麼？

因為他們燃燒生命在評論的事物，其實根本不在他們的「可控範圍」中，自然也就無法產生任何的影響力。

可控範圍決定你的影響力

什麼叫做可控範圍？

工頭在一定的範圍中，可決定自己要進行什麼樣的工程施作，而這決定了工頭最終的影響力。

醫生在一定的範圍中，可決定自己要進行什麼樣的醫療行為，而這決定了醫生最終的影響力。

律師在一定的範圍中，可決定自己要進行什麼樣的訴訟策略，而這決定了律師最終的影響力。

記者在一定的範圍中，可決定自己要進行什麼樣的採訪報導，而這決定了記者最終的影響力。

作家在一定的範圍中，可決定自己要進行什麼樣的題材寫作，而這決定了作家最終的影響力。

換言之，無論是工頭、醫生、律師、記者、作家，在他們的專業領域中，都有一定程度的可控範圍，他們在這個可控範圍中，可以選擇積極投入，也可以選擇消極應付，而這將決定其最終的影響力。

反過來看，律師無法決定醫生的醫療行為，記者無法決定作家的寫作內容，工頭也無法決定律師的訴訟策略。而愈是能創造價值的人，通常會將愈大的精神及注意力，放在自己真正的可控範圍裡，不浪費力氣在自己不可控的地方。

當一個人老是將大部分的時間及注意力放在自己不可控的範圍時，就容易變成一個被動型的人，每天為了自己無法改變的事煩心，最後個人的影響力就會愈來愈小。

當一個人總是將大部分的時間及注意力放在自己可控的範圍時，就容易變成一個主動型的人，將心力投入在自己可以有所作為的事情上，慢慢的累積自己的影響力，最後才會成為一個相對有影響力的人。

聚焦在「可控又具有產值」的事情上

如果《哈利波特》（Harry Potter）的作者J．K．羅琳（J. K. Rowling），當初並未全心投入於將她腦海中充滿創意的奇幻故事寫成文字，再將這些文字投稿到出版社，那麼就不會有這部全世界最賣座的小說問世。而這部作品的點點滴滴，正是她最可控又最具產值的部分。

一個人的時間、體力及精神都是有限的，對於自己不可控制的事物，最好不要太雞婆，因為不管你雞不雞婆，由於沒有控制力，最後結果都是一樣的，那麼這件事就不值得你去煩心。

你沒有辦法去關心所有的事情，幸好，其實也沒有那麼多的事情值得你如此關心。有些事情不是不重要，而是你根本幫不上忙，所以更要專注在自己能創造價值的地方，而不是專注在自己無能為力的事物上。

為了取得良好的經濟效益，你應該顧好自己拿手的東西，去滿足少數重要的人，將力氣放在能產生顯著效益的少數活動裡。

簡單來說，不關你的事就別太雞婆，把自己顧好最重要。

5-5 深耕・處處蜻蜓點水，不如深耕經營

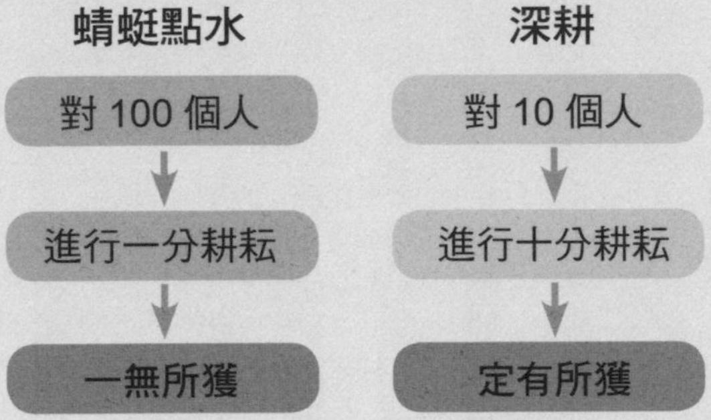

一甲豐沃地，勝過十甲不毛之地

一位保險業的年輕朋友對於事業相當有衝勁，他參加不少的社團，從獅子會、扶輪社到各大社團都不放過，還跑遍了大大小小的創業論壇、商務聚會，交換過不少名片，積極的結交人脈，不放棄任何締結保單的機會，在事業的衝刺上充滿幹勁。

「我認識某上市櫃公司主管，上次有跟他換名片。」

「我認識某銀行的分行經理，上次有跟他吃過飯。」

「我認識某知名媒體總編輯，上次有跟他聊過天。」

這位朋友在言談間，總是侃侃而談在人脈締結上的豐功偉業，而在臉書上，也不乏他參與大大小小活動，與不少看起來很厲害的人的合照。感覺起來，他的事業應該經營得相當不錯才是。

但有一次在私底下閒聊，他大吐苦水之後，才知道原來他覺得自己對於工作的投入，與回報根本完全不成正比，這些他口中的大人物其實根本沒有半個人跟他買過保單。

什麼？但想想也合理，大客戶的保單哪有那麼容易到手，這往往需要長期的培養及信任啊。

不過，這還不是最可悲的一件事，更可悲的是過去他好不容易賣出的保單，老顧客不是不願意跟他續保，就是希望更換業務員……

呃，這也太慘了吧，究竟發生了什麼事？

原來，這位朋友一直希望把事業做大，將自己的人脈網給擴大，成為一個人人稱羨的黃金保險業務員，於是他幾乎把所有的時間及精神都放在開發新客戶上，對於已經到手的老顧客反而不再那麼的投入。

結果，這些老顧客不但不願意幫他介紹生意，甚至還漸漸流失，就這樣，新的進不來，舊的留不住，他在保險業汲汲營營的這幾年似乎都白費了……

這位朋友的案例，讓我聯想到一款頗具歷史的電腦遊戲——「大航海時代」。

從「大航海時代」看深耕的重要性

「大航海時代」系列是一款於一九九〇年發行的暢銷電腦遊戲，玩家在遊戲中扮演大航海時代的船長，率領一支遠洋艦隊進行探險、貿易及海上戰鬥。遊戲當中的一些背景設定，在某種程度上可以反映出這個案例的問題。

在遊戲中，主人翁身為一支艦隊的船長，率領艦隊前往世界各大城市，如果想要在該城市停靠並做些生意，就必須與港口的總督府簽訂合約，進行軍事投資或是商業投資，以提高對於該城市的占有率。同時也可進行各種特產品的交易買賣，以獲取貿易盈利。

然而，若艦隊在該港口的占有率不高時，就僅能停靠在港口做點小買賣，買賣的數量也將有所限制，沒辦法有太大的獲利。反之，當艦隊在該港口的占有率達到百分之百時，不但可進行大量的特產品貿易，還可獲得該港口上繳的額外盈利，而且當有敵對勢力試圖靠近港口時，還可進行驅逐。

在遊戲中，如果每個港口都只是像插花般，僅擁有一點點占有率，艦隊就不容易形成核心競爭力。與其擁有數個不具有實質控制力的港口，還不如掌握少數百分之百確實占有的港口，那才是長期競爭力的來源。

一甲豐沃地，勝過十甲不毛之地

拿破崙曾說：「為了把卓越超群的力量集中在一地，那其他的地方就必須要省下一些力量。」人的時間及精神都是有限的，該學會有所取捨，確實的占有率絕對比起蜻蜓點水更有用。

如果你對一百個人分別進行了一分耕耘，那最後的結果可能將一無所獲。反之，如果你只對十個人分別進行了十分耕耘，那有極大的機會可以從當中的五個人身上獲得一定的收穫，這就是一種深耕的概念。

事半功倍還是事倍功半，有時候取決於一個人時間及體力的分配——是重質還是重量？是重視個人占有率還是市場曝光率？

當然，一定程度的努力及投入仍然是必須的，只是努力的回報通常不會是線性的，也不會是一比一的，因而如何去分配你的投入，就是一門相當重要的學問。半吊子的投入，有時候跟完全沒有投入其實沒什麼兩樣。

深耕有時候比開拓更重要，就算有十甲的不毛之地，也無法為你帶來任何收成，還不如好好的深耕一甲的豐沃之地，那才會真的有所獲得。

記住，一甲豐沃地，遠勝過十甲不毛之地。

5-6 槓桿・用最小的力氣，達到最大的行銷效果

槓桿的支點放對了，
一點小力氣就能帶來大收穫

《航海王》漫畫是一部描述主角「草帽魯夫」以當上海賊王為目標的冒險故事。

故事中出現不少具有領導魅力，卻又風格迥異的船長們，主角「草帽魯夫」有不畏失敗的勇氣、「紅髮傑克」有談笑風生的俠氣、「白鬍子」有震懾群雄的霸氣、「女帝蛇姬」有魅惑一切的嬌氣。

這幾位有著不同領導特質的船長，為這部暢銷作品贏得了高人氣，而且當中還隱含著不少有趣的管理哲學。

若論誰是最優秀的領導人，或許各有支持者，但說到誰是最懂行銷的船長，像個搞笑丑角的「小丑巴其」可能反倒是當中的最大黑馬。

向「小丑巴其」學行銷

事件行銷：抓住熱門議題

小丑巴其在故事中被海軍關進了推進城的監獄中，可他卻趁魯夫劫獄時溜了出來，並偷走了獄監的鑰匙，扮演救世主放走了囚犯們，再靠那張嘴胡吹一氣，燃起了所有人的鬥志，讓囚犯們成為小丑巴其的信眾，一起逃獄。

後來在「頂點戰爭」的戰役中，小丑巴其又從海軍的手上偷來一部影像電話蟲，當海軍關閉所有對外影像時，只剩下小丑巴其手上的電話蟲能夠使用，於是他就一枝獨秀的在世人面前嶄露頭角，成功的利用這次戰役將自己的面孔行銷到全世界。

像這種抓住熱門事件，結合自身的資源，讓自己得以在時局中取得行銷機會的方式，就是一種事件行銷。

捆綁行銷：連結名人光環

小丑巴其因為劫獄事件，與魯夫成了這個大事件的兩大主謀，明明他在整個過程中沒什麼作為，卻因為跟名人魯夫綁在一起，自然而然的也成了這起大事件的要角。

加上小丑巴其與紅髮傑克以前在「海賊王」的船上一起當過見習生，曾與紅髮傑克以兄弟相稱，再透過這次事件中經常被聚焦及放送的這層關係，讓小丑巴其的名字從此跟這些大海賊捆綁在一起，成了世人眼中不得了的大人物。

這種利用跟名人做連結，或是將兩個不同商品綁在一起行銷的方式，藉以擴大自身的影響力，就是一種捆綁行銷。

故事行銷：說一個好故事

在逃獄的過程中，小丑巴其明明沒起到什麼大作用，卻總是能憑藉著一張嘴，說些誇張的故事，來凝聚眾人的向心力。

當海軍原本封閉的大門誤打誤撞的被開啟時，他還會擺出架式，彷彿大門是因為他的超能力而打開的一樣，加上過去與紅髮、草帽、白鬍子的舊交，讓他的故事更添可信度，吸引了一掛身手不凡的囚犯們死心塌地的追隨。

藉由這些故事的形塑，小丑巴其從一個肉腳船長，成了眾人眼中的救世主，最後世界政府也因為對他有所忌憚，邀請他成為「王下七武海」的新成員。就這樣，他從一個沒沒無聞的小海賊，一躍成為被眾人歌頌的「傳說中的海賊」。

像小丑巴其這樣透過說故事的方式及渲染力，來形塑自己的鮮明形象，以達到行銷的目的，就是一種故事行銷。

一個好品牌，通常都有一個好故事來傳承，而一個好的行銷人，通常都很善於利用事件，或是連結知名的品牌或名人，來做一個聰明的連結行銷，從這一點來看，小丑巴其還真是個傑出的行銷人才。

簡單來說，小丑巴其所做的就是用最小的力氣，去達到最大的行銷效果。明明沒什麼本事，卻抓住熱門議題，連結名人光環，再說出一個好故事，幫本來沒什麼本事的自己，成功營造出頂尖的成功者形象。

運用槓桿原理，創造最大行銷效能

有人說行銷的本質就是隱惡揚善，把自己的弱點隱藏起來，再把自己的強項給放大推銷，就像男孩追求女孩時，總是要表現得紳士大方些，最好再說上幾句動人的情話，而女孩想要吸引男孩時，也都會特別打扮一下，這些行為的背後，其實都帶有行銷的元素在其中。

這就像一個槓桿，重點在於支撐點有沒有放在對的地方，笨拙的人花了很大力氣，卻只能驅動一點點的效果，而聰明的人只花一點點力氣，卻能帶來驚人的大動能。

想要聰明的行銷自己，我們得跟小丑巴其多學學，如何用最小的力氣，達到最大的行銷效果。

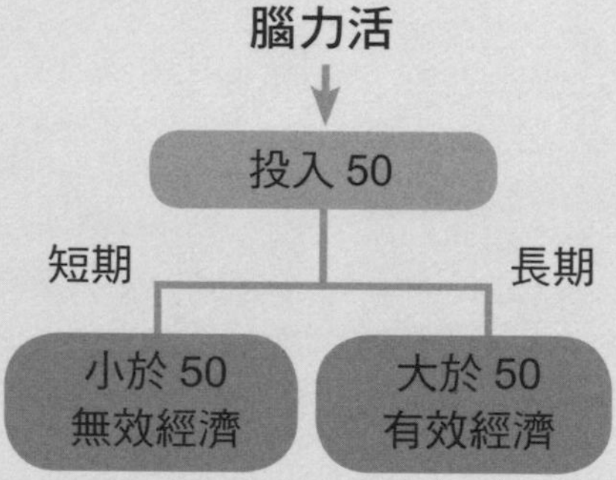

腦力活像乘法，
只要基數足夠，就能倍數成長

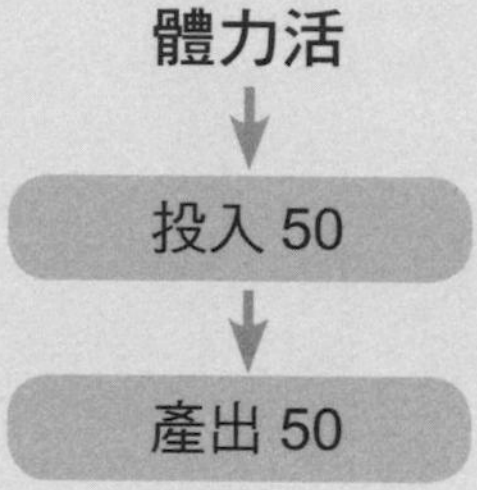

體力活像加法，
投資的體力短期能較快看到效果

前陣子一位親友要搬家，透過網路找到了一間搬家公司，第一次接洽時，頭髮花白又有著啤酒肚的老闆親自前來。這位老闆誠懇又有效率，看起來就是頗有經驗又可靠，於是在談定價錢，確認了該有的優惠及細節後，雙方就在當天簽了搬家合約。

然而到了正式搬家那天，這位老闆卻沒有現身，只來了幾位負責搬家的員工，看起來不是太過年輕，就是缺少了些可靠感，更弔詭的是，現場負責跟我們溝通的竟然是一位略顯生澀、看起來似乎還不滿二十歲的金髮年輕人。

「坐鎮的是個年輕小夥子？這公司也太不可靠又沒誠意了吧？」

雖然這不是什麼了不起的大案子，但好歹也要花好幾萬元的費用，加上還有家具搬運風險的考量，沒有可靠的老闆來履約，我們怎麼敢把重要的家當隨便交給這些年輕人，萬一出了問題誰負責？

於是我們立刻致電老闆，告訴他我們的疑慮。為了我們這些「龜毛」的顧客，老闆還花了些時間驅車前來，親自與我們接洽搬家事宜，整個搬家動作才正式開始。

由於每樣家具都有不同的形狀、重量，適合的搬運方法多少也有些不同，如何進行流程的安排、如何調配現場的人力，其實都大有學問，但出乎我們意料的是，即使老闆親自前來，現場坐鎮指揮的竟然還是那個金髮小夥子，而且所有搬家公司的員工，無論是年長還是年輕的，都照著他的安排做事。

而他也不是只靠一張嘴，雖然看似身形清瘦，但他所搬的東西及投入的力氣一點也不比同事少。最後，所有的搬運工作不但都順利完成，而且從家具的保護、歸位，甚至是客製化的要求，都做得比我們想像中來得更好。

以一位二十歲年輕人的表現來說，他是讓我們佩服的，後來我與這位老闆聊了起來，並表達對這位年輕人的敬佩，才知道原來我們看走了眼，小瞧了這位年輕人。

老闆告訴我們，搬家公司的工作是很累的體力活，多數求職者都沒有漂亮的學歷，而不少來求職的年輕人，不是吃不了苦早早離職，就是認為念書不如練體力，因為在這裡，體力才是掙錢最大的資產。

這位年輕人卻顯得不太一樣，他進入這間搬家公司已經兩年，平常總是喜歡跟在老闆的身邊學估價、報價，學與顧客溝通的技巧，學科學化的搬家方法，甚至也會找些商管書籍來看，即使搬家工作看來就是個體力活，這位年輕人仍然不放棄去投資他的腦力。

也由於他總能作為老闆的分身，幫客人估價、現場坐鎮指揮，甚至還能自己開發客戶，因此年紀輕輕，賺的錢已經遠遠超越了同儕及前輩們。

「體術」還是「忍術」？

日本漫畫家岸本齊史的暢銷作品《火影忍者》，雖然是一個虛構的故事，但當中對於角色戰鬥力的設定，卻頗能反映真實情況。

故事中的主角在使用「忍術」時，必須根據忍術種類的不同，來製造出相對需要的查克拉，接著再結下複雜的忍術印，把查克拉轉化為忍術，而這通常需要較精確又複雜的控制。反之，如果你選擇使用的是「體術」，因為體力的控制較簡單，所以不用耗費查克拉來結印，通常只要好好鍛練體力，就能順利的使用體術。

懂得精確使用忍術的人，只要製造出三〇%的查克拉，就可以完成三〇%的忍術，而技術比較差的人，本來只要使用三〇%查克拉的忍術，卻可能要製造出四〇%以上的查克拉才能施展，而多出來的一〇%就浪費掉了。忍術技巧的高下，在這裡便可見分曉，若想要變強，就需要經年累月的摸索及鍛鍊。

短期而言，體術的鍛鍊最能快速見效，然而長期來看，需要轉換查克拉的忍術雖然費時又耗神，卻能創造出無限的可能性。「忍術」及「體術」、「腦力活」及「體力活」，其實就有著異曲同工之妙。

體力活？腦力活？

勤能補拙，適用於過去的農業及工業經濟時代，然而，在現今以知識經濟為主的時代，投資在體力活上的報酬率已經大不如前，就算是體力活的工作，也不能忽略了腦力活的重要性。

前美國總統林肯曾說：「若給我六小時砍一棵樹，我會把前四個小時拿來磨利斧頭。」這個磨斧頭的動作，其實就是經由腦力思考後的結果，先找到完成方法的最佳途徑後，再投入體力執行，而不是將體力毫無效率的揮霍。

體力活像加法，腦力活像乘法，投資體力較能快速看見績效，但這個績效的增長卻是緩慢的，且隨著年紀的增長，效率會愈來愈差。而投資腦力的績效不一定能立竿見影，但只要能夠達到一定的基數門檻，績效就能像乘法般快速的增長。

在知識經濟的時代，別用加法做事，要用乘法思考。

5-8 標籤．別被成見所困，創造獨一無二的價值

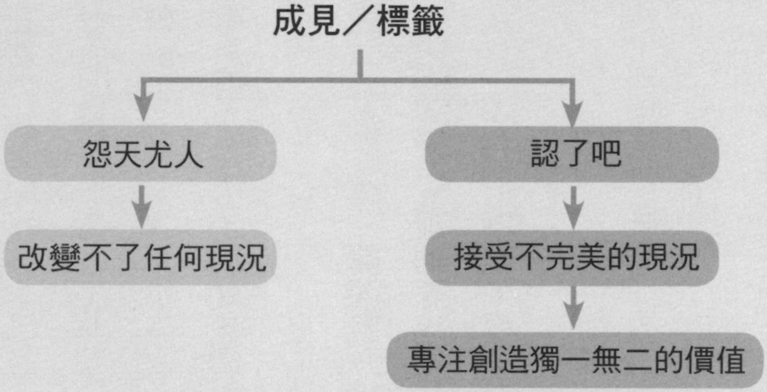
成見／標籤
怨天尤人
改變不了任何現況
認了吧
接受不完美的現況
專注創造獨一無二的價值

自我實現者從不浪費力氣去抱怨，
而是接受既定現實，專注創造獨一無二的價值

有一位朋友曾大肆抱怨，因為自己的學歷不高，儀表及打扮上也差一點，導致在找工作時常常被貼標籤，在還沒有機會證明自己的能力之前，就因為學歷而吃了閉門羹，或是因為儀表及談吐，在面試時被扣了不少分。他認為這個社會實在太不公平，不講求實力，卻總是為特定的族群「貼標籤」，充滿了「成見」。

這位朋友因為不太愛念書，國中畢業後就放棄升學，出社會找工作，因為他認為待在教室聽著自己沒有興趣的課程，實在太浪費生命了，而且不少社會上的成功者也都沒有漂亮的學歷啊，提早離開學校，會比那些乖乖升學的同學有更好的機會及未來。

然而，現實與想像終究是有差距的，在沒有學歷，又無法交出任何成績前，「只有國中畢業」這個大大的標籤，無疑成了他求職時的一個阻礙。

像他這樣的案例，可以說會發生在社會上的每一個角落，從學歷、證照、儀表到出生背景等等，這些條件所產生的既有刻板印象及標籤可說是無所不在。那麼，該給他什麼建議呢？

其實只有三個字——認了吧！

同一位女孩，不同形象就有不同的待遇

聯合國兒童基金會曾做過一場街頭實驗，讓一個六歲的小女孩分別打扮成不同的樣貌，一個是漂亮的穿著，一個則是髒汙的穿著，再讓小女孩一個人站在街道上，透過側拍，觀察路人對於形象、外貌大不相同的小女孩會有什麼樣的態度。

其實就算不看影片，也能猜想出這個實驗的結果會是如何，想來隨著打扮的不同，路人對於小女孩的態度將會有天壤之別。

打扮漂亮的小女孩，人們會願意停下腳步，詢問她需要什麼協助，在餐廳中，人們也願意與她同席而坐，甚至願意為她尋找家人。而外表髒汙的小女孩，人們對她是冷漠的，在餐廳中，不但不願意與她同席而坐，甚至對她

起了戒心，將手上的包包拎得緊緊的，還要求店家請她離開……

這就是一種對於外貌打扮的既定成見。然而，回過頭來想，「成見」一定是錯的嗎？事實上，多數的成見可能都有其參考價值，因為打扮漂亮的小女孩，通常是單純走失的孩子，而穿著髒汙的孩子，通常是在社會底層打滾，可能會帶來不少麻煩。這個實驗很現實，卻也很真實。

就像學歷一樣，雖然不能完整呈現出一個人的能力，但絕對還是有其參考價值。就如同儀表外貌，就算不能決定一個人的處事態度，但絕對多少會影響到給人的第一印象。

別浪費力氣在抱怨他人的成見

大環境總是會為特定的族群貼上標籤——「學音樂的小孩不會變壞」、「不念書的小孩找不到好工作」、「念藝術系的小孩吃不飽」，一定是如此嗎？不，我們可以輕易找到一堆案例來打臉這些想法。然而，成見卻也不一定是錯的，反而通常具有一定程度的「大數據」參考價值。

就像常有人說，黑人比較會打籃球、白人比較會踢足球、黃種人比較會打桌球，一定是如此嗎？那可不一定，身為黃種人的林書豪，不也在ＮＢＡ發光發熱嗎？但不能否認的是，籃球巨星就是以黑人最多，足球明星就是以白人最紅，桌球好手就是以黃種人居首。

因此絕大部分的時候，去抱怨他人的成見，其實一點意義也沒有，不但改變不了他人的看法，也得不到任何的好處。面對成見最好的應對態度，就是「認了吧」！

心理學家馬斯洛（Abraham Maslow）曾研究過「自我實現者」具有幾項共同特質，其中一項正是這種「認了吧」的處事態度。所謂「認了吧」，可不是甘於平淡或失敗，而是無論順境或逆境，無論被貼上什麼不公平的標籤，都先去接受這個不完美的現況，再負起責任去加以改善。

以比爾．蓋茲、賈伯斯及祖克伯（Mark Zuckerberg）為例，他們都是學業上的中輟生，但這可不代表中輟生就一定能像他們一樣成功，最大的差別，在於他們都不被「中輟生＝失敗者」的標籤及成見所困，而知道自己要什麼，只專注在創造自己獨一無二的價值，寫下專屬於自己的「個案」。

有人會抱怨自己被他人的成見所困，失去不少公平競爭的機會，事實上，「自我實現者」根本不會浪費力氣在抱怨他人的成見，因為要改變別人的想法太累了，他們選擇接受成見既存的事實，只專注於寫好自己的「個案」。

同樣的道理，前述的那位朋友選擇國中畢業就出社會工作，而這注定會成為他求職路上的一個標籤，即使不公平，但這就是現實，認了吧，別浪費力氣在抱怨他人的成見，也唯有如此，才有機會打破他人滿載成見的眼鏡。

職場方舟 0ACA4005

聽明懶人學
不瞎忙、省時間、懂思考，40 則借力使力工作術
（原書名：「懶」經濟）

作　　者 紀　坪
書封設計 張天薪
內文設計 徐思文
企劃主編 林潔欣
編輯協力 黃慧文

行銷總監 張惠卿
總 編 輯 林淑雯

社　　長 郭重興
發行人兼出版總監 曾大福
業務平臺總經理 李雪麗
業務平臺副總經理 李復民
實體通路經理 林詩富
路暨海外通路協理 張鑫峰
特販通路協理 陳綺瑩
印務部 黃禮賢、李孟儒

出 版 者 方舟文化出版 / 遠足文化事業股份有限公司
發　　行 遠足文化事業股份有限公司
231 新北市新店市民權路 108-2 號 9 樓
電話 (02)2218-1417　傳真 (02)8667-1851
劃撥帳號 19504465　戶名 遠足文化事業有限公司
客服專線 0800-221-029
E-MAIL service@bookrep.com.tw
網　　站 http://www.bookrep.com.tw/newsino/index.asp
印　　製 通南彩色印刷有限公司 電話：(02)2221-3532
法律顧問 華洋法律事務所 蘇文生律師
定　　價 330
二版一刷 2020 年 06 月
二版二刷 2020 年 09 月

缺頁或裝訂錯誤請寄回本社更換。
歡迎團體訂購，另有優惠，
請洽業務部 (02)2218-1417#1124、1135

方舟文化官方網站　方舟文化讀者回函

特別聲明：有關本書中的言論內容，不代表本公司 / 出版集團之立場與意見，文責由作者自行承擔

國家圖書館出版品預行編目 (CIP) 資料

聰明懶人學 : 不瞎忙、省時間、懂思考 ,40 則借力使力工作術 / 紀坪著 . -- 初版 . -- 新北市 : 方舟文化出版 : 遠足文化發行 , 2020.06
面 ; 公分
ISBN 978-986-98819-2-0(平裝)

1. 工作效率 2. 職場成功法 494.01　109003767